岩溶水资源监测规划建设与信息管理

赵泓漪◎编著

中国水利水电出版社
www.waterpub.com.cn
·北京·

内 容 提 要

本书在系统收集整理国内外地下水监测技术相关文献与技术方法、信息采集与传输技术设备等基础上，结合作者长期从事水资源监测工作实际，按照监测全流程模式，提出了岩溶水资源监测维度与属性的概念，介绍了岩溶水资源监测体系规划方法与应用，岩溶水资源监测体系建设目标与技术方案，岩溶水水位、水质、水量和水温监测的技术方法与监测仪器选型，并结合监测实际分析了岩溶水资源监测数据的类型与特点，提出了数据处理与管理方案。

本书不仅适合岩溶水资源监测和管理领域的水利工程技术人员使用，而且对于岩溶水资源保护研究等科研工作者，也具有参考价值。

图书在版编目（ＣＩＰ）数据

岩溶水资源监测规划建设与信息管理 ／ 赵泓漪编著
. -- 北京 ：中国水利水电出版社，2017.12
ISBN 978-7-5170-6178-6

Ⅰ．①岩… Ⅱ．①赵… Ⅲ．①岩溶水－水资源管理－计算机监控系统 Ⅳ．①TV213.4-39

中国版本图书馆CIP数据核字(2017)第326734号

书　　名	**岩溶水资源监测规划建设与信息管理** YANRONG SHUIZIYUAN JIANCE GUIHUA JIANSHE YU XINXI GUANLI	
作　　者	赵泓漪　编著	
出版发行	中国水利水电出版社 （北京市海淀区玉渊潭南路 1 号 D 座　　100038） 网址：www. waterpub. com. cn E - mail：sales@waterpub. com. cn 电话：(010) 68367658（营销中心）	
经　　售	北京科水图书销售中心（零售） 电话：(010) 88383994、63202643、68545874 全国各地新华书店和相关出版物销售网点	
排　　版	北京时代澄宇科技有限公司	
印　　刷	北京中献拓方科技发展有限公司	
规　　格	184mm×260mm　16 开本　12.25 印张　290 千字	
版　　次	2017 年 12 月第 1 版　2017 年 12 月第 1 次印刷	
定　　价	**68.00 元**	

前　言

　　水资源开发利用领域的专家学者对于岩溶水资源给予了独特的定位，即岩溶水资源不仅是水资源的重要组成部分，而且其本身在水资源中具有独特的战略地位。然而，随着我国经济社会的快速发展，岩溶水资源的开发利用与其所需水资源管理相关法规、规章建立的基础工作等相对滞后的矛盾日益凸显，加之长期以来，我国缺乏可靠的长系列岩溶水监测资料，严重制约了岩溶水资源的合理开发利用和科学规划工作的开展。在水资源管理领域，"没有监测就没有管理"的思想已成为国际上业界专家的普遍共识，因此开展岩溶水资源监测体系的规划与建设研究，从而有效促进监测与信息化服务水平提升，不仅可以为岩溶水资源科学利用规划的编制提供科学依据，而且为开展岩溶水资源利用与保护关系研究提供基础支撑。

　　本书作者长期在水资源监测领域第一线进行潜心的实践，结合长期从事水资源监测工作的实际，将自身的感悟和心得汇集成书，旨在促进岩溶水资源的科学开发利用，为探索岩溶水资源监测新途径提出一些积极的意见和合理化建议，为推动整个行业的良性发展尽绵薄之力。

　　值得一提的是，在写作的过程中，笔者秉承"求真务实、锐意创新"的原则，对岩溶水监测体系规划、监测体系建设、监测方法与技术，以及监测信息管理的全流程模式进行全面的梳理，翔实地介绍了岩溶水最新监测技术及其应用实践的现实意义。全书共分为6章。第1章提出了岩溶水监测体系对于岩溶水资源科学开发利用的必要性；第2章通过对国内外岩溶水监测体系规划方法的剖析，在提出岩溶水监测体系规划概念的基础上，根据岩溶水监测体系的监测维度及属性，阐明3类监测体系规划的方法及适用条件，以及如何结合区域特征来选择适宜各监测维度的规划方法；第3章主要介绍岩溶水监测体系的建设目标、施工组织实施方案、环境影响与保护措施；第4章按照监测维度介绍了岩溶水水位、水质、水量和水温监测的相关技术规章、监测方法、监测仪器技术选型；第5章结合监测实际，科学分析了岩溶水资源监测数据的类型与特点，提出数据处理与管理方案，描述监测资料整编方法与技术要求，探讨岩溶水自动监测信息管理平台建设目标、需求分析与系统设计的最佳实践方式；第6章结合笔者在实际监测过程中的思考，针对岩溶水监测工作当前所面临的棘手问题，对如何突破当前的发展困局，以及未来的发展趋势进行展望。

　　需要说明的是，笔者在撰写此书的过程中，不仅得到水利部信息中心教授级高级工程师章树安、王光生，水利部水文司教授级高级工程师杨建青等专家学者的无私提携，还得到北京市水文总站教授级高级工程师杨忠山、黄振芳、白国营的大力支持，高级工程师梁灵君、王素芬、刘翠珠、李民诗的具体帮助，北京市水文地质工程地质大队教授级高级工程师刘久荣、孙颖，高级工程师韩旭、许苗娟等也对本书的许多章节提出了宝贵意见。在本书出版过程中，得到中国水利水电出版社的殷海军主任、崔志强主任和汤何美子编辑的专业帮助，还有其他提供相关帮助的专家等也在此一并表示感谢。可以说，没有他们的鼎力相助，就没有本书的问世。

　　鉴于作者才疏学浅、水平有限，在本书的编写过程中，难免会有错误和疏漏之处，请广大的专家学者，以及热心读者给予批评指正。我期待，在心灵的世界里，与读者结个书缘，更愿书中的点滴感悟也能给您带来些许有益的启发和美好的收获。

赵泓漪

2017 年 12 月于北京

目 录

第1章　　　　绪　　论

我国是世界上岩溶最发育的国家之一，岩溶水分布广泛、类型众多。岩溶水是指赋存于可溶性岩层的溶蚀裂隙和洞穴中的水，又称喀斯特水（Karst Water）。岩溶水资源是地下水资源的重要组成部分。岩溶地下水埋藏于地下，经过含水层的过滤，一般水质较好，且不易受到污染，通常富含人体所需的各种微量元素和矿物质，是优质的饮用水供水水源。岩溶水在某些区域是战略储备水源，其开发利用的战略意义大于现实意义，岩溶水对于某些重点单位和地下水开采布局合理配置中的重要地位无可替代。

1.1　岩溶水资源开发利用概况

我国华北地区内分布着大面积的碳酸盐岩，其中蕴藏着大量岩溶地下水资源。岩溶水资源不仅在供水中发挥重要作用，而且部分岩溶大泉成为重要旅游资源，并发挥着维系下游河流沿岸良性生态环境的功能。

水文地质工作者经过多年的勘查，积累了丰富的基础资料，对岩溶水的埋藏、分布和运移规律有了一定的认识，但是，由于岩溶水分布的复杂性和不均一性，岩溶水与地表水、第四系孔隙水之间相互转化的复杂性，在岩溶水资源量评价、水源地选址等方面都存在较大技术难度，使岩溶水合理开发利用工作受到制约。

岩溶水的开发利用在为经济社会发展服务的同时，不可避免地存在问题，主要包括：①岩溶水开发利用一般局限于局部地区的零散供水勘察，缺乏系统研究；②尚未建立系统的岩溶水动态监测网，岩溶水评价与科学开发利用基础依据非常薄弱；③岩溶水的开采存在一定的盲目性和随意性，缺乏区域性、系统性、深入的评价与研究，也从未开展过岩溶水开发利用布局的研究，缺乏统一规划；④泉是岩溶地下水的自然排泄形式，泉水流量的变化是岩溶水开采的直观表现，由于气候变化，降雨减少，加之经济社会发展的加快，地下水被迫超采，使泉水流量衰减、泉改井，造成部分区域发生超过补给更新能力的掠夺性开采，使得平原区地下水位大幅度下降，进而引起来自山区补给的地下水流场发生巨大变化，最终导致涌泉干涸，山区和山前地带涌泉与水域景观备受影响；⑤岩溶水开发利用数据的统计缺乏系统管理，地下水开发利用统计数据未按照第四系地下水和岩溶水分别统计。

1.2 岩溶水资源监测的必要性

建立岩溶水资源监测体系,是岩溶水资源评价与科学利用的内在要求。目前由于缺乏可靠的长系列岩溶水资源监测资料,严重制约了岩溶水的科学利用与有效保护。因此迫切需要开展岩溶水资源监测工作,"没有监测就没有管理"也已成为国际上业界的共识。

1.2.1 有利于供水安全

岩溶水具有水量大、动态稳定、水质良好的属性,是多个地市级以上城市以及广大岩溶山区乡村人畜饮用水的主要供水水源,数十座大型火电厂冷却用水水源,上千万亩农田灌溉用水水源;济南趵突泉等岩溶大泉成为重要旅游资源,并发挥着维系下游河流沿岸良性生态环境功能。岩溶水资源监测是供水水量和水质安全的重要基础保障之一。

1.2.2 有利于促进经济发展

岩溶水资源在经济社会发展中发挥着越来越重要的作用,实施监测工作是增强其可持续利用的必要基础。岩溶水资源监测体系规划是构建科学监测体系的前提,而科学的监测对于提高岩溶水开发利用靶区命中率,更加经济地确定开采层位、明确可开采量都具有直接或间接的效益。

岩溶水开发利用中可能引发的地面塌陷等地质灾害是经济社会发展面临的问题之一,利用监测数据开展深部岩溶水开采与地质环境保护问题研究,进行科学分析和及时准确的预报分析,是做好防灾减灾、保护地质环境科学决策的重要依据,具有直接或间接的经济效益。

在为促进经济可持续发展而实施最严格水资源管理制度的过程中,编制自然资产负债表更加需要准确及时的水资源监测信息,特别是现状资料相对缺乏的岩溶水资源监测信息的支撑。

1.2.3 有利于生态环境保护

岩溶地下水的重要战略地位毋庸置疑,但由于岩溶水赋存及补给条件的特殊性,因此具有更强的易污性,且一旦被污染就难以恢复。因此岩溶水水质监测信息是健全和完善岩溶水水源地保护区建设,实现岩溶水分布区的农药、化肥施用控制管理及根据地下水防污性能指导城市规划等地下水环境保护措施中的关键技术参数。

隐伏区岩溶水与第四系地下水具有较强的水力联系,岩溶水水位变化是影响第四系地下水水位变化的要素之一,而地下水埋深是干旱、半干旱地区地下水生态需水量的最主要指标。在诸多地下水生态指标中,通过调节地下水埋深,可以控制耕层土壤含盐量、潜水矿化度、土壤含水量、潜水蒸发量等其他指标。地下水埋深是研究地下水生态环境与气候及下垫面条件关系、确定区域地下水生态需水量、建立分区域的地下水生态指标阈值范围的关键依据。而岩溶水监测体系建设规划的实施将提高包括地下水埋深在内的地下水信息监测与处理等生态环境服务能力。

1.3 岩溶水资源监测发展概况

1.3.1 国内发展概况

国内的岩溶水资源监测始于 20 世纪 50 年代,北京、山东、山西、河北等省(直辖市)开展了岩溶水监测工作,但受岩溶水文地质条件及资金条件限制,专门为监测岩溶水动态而建设的区域性监测体系还是空白,一般是依托研究项目的短期、局部监测。目前国内的济南岩溶泉域岩溶水监测工作相对成熟。

济南岩溶泉域地下水水位监测始于 1958 年,原山东地质矿产局通过对济南附近进行供水水文地质勘查,初步建立起济南泉域地下水水位监测网,开创了泉域地下水水位监测的先河。从 2004 年开始,我国和荷兰实施"中国地下水信息中心能力建设"合作项目,国际上先进的新技术、新方法和新设备在泉域地下水监测中得到了广泛应用,地下水水位监测网不断完善,监测能力和监测精度不断提高。项目研究了济南泉域地下水水位时空变化趋势,对监测网密度进行了优化设计。

济南岩溶泉域监测网设计根据影响地下水动态的多因素综合分区图进行。在综合考虑每个影响地下水动态的多因素综合分区中,在至少布置 1 个地下水水位监测孔以监测不同类型地下水水位时空变化规律等的基础上,共布置了 85 个监测点,建立了地下水水位监测网。通过趋势和周期分析,确定 1 次/月为最佳监测频率,能够监测到区域性地下水动态变化规律。引进了 DINO 数据库进行地下水水位监测及相关数据存储、分析和使用,结合 ArcGIS 和 Regis - China 系统,进行地下水水位分析,形成年平均水位等值线图,枯、丰水期地下水水位等值线图,不同年份地下水水位变差图及历年地下水水位变化曲线图,地下水水位变化趋势图等,为保护地下水提供翔实而直观的信息。根据不同部门的需要,进行地下水水情发布。

1.3.2 国外发展概况

1.3.2.1 地下水水位监测研究进展

大约在 1845 年英格兰/威尔士就设立了第一个地下水位监测网。美国对地下水水位的监测起步于 20 世纪初。新泽西州从 1923 年开始监测地下水水位,宾夕法尼亚州从 1925 年开始。至 20 世纪 60 年代末建立了美国国家地下水水位监测网,现已经存储了大量井、泉长观数据。欧盟对地下水水位的系统监测是从 20 世纪 50 年代开始,20 世纪 80 年代已建立并运行国家地下水水位监测网。苏联在 20 世纪 70 年代由全苏水文地质工程地质研究所建立了搜集、储存和处理全国地下水动态信息的自动化系统。荷兰地下水水位的监测从 1870 年开始,建立了世界上最好的地下水水位监测网。3.8 万 km^2 的国土上,大约有 30000 个地下水监测孔。荷兰地下水水位监测网区分为水资源管理监测网、水系统运行监测网和科研网三类。水资源管理监测网划分为以下三级:

(1)国家级监测网。由交通运输、公共工程及水管理部负责,用于国家水资源的规划与管理。

（2）区域监测网。由省政府负责，用于各省地下水的规划与管理。

（3）局部监测网。由水董事会、市政府、供水公司和自然保护区负责，用于特定水系统的运行管理。

国家级地下水水位监测网由荷兰应用地学研究所运营管理，由大约4000个监测站组成（每个监测站有不同深度的监测孔组）。大部分监测孔是由志愿者每月监测两次。最近几年，区域监测网安装了大量的自动监测仪。荷兰应用地学研究所同时建立和维护全国地下水数据库。三级监测网的全部监测数据都储存在国家地下水数据库中，用户可通过万维网提取数据。

发展中国家还没有对地下水水位进行系统监测。在许多发展中国家，对地下水水位的监测只是临时性的，局限于地下水资源和城市供水的评价，但我国是个例外。

1.3.2.2 地下水水质监测研究进展

荷兰高度工业化，农业发达，大面积施用化肥造成浅层地下水的区域性污染。浅层地下水中的硝酸根离子普遍超过饮用水标准。荷兰地下水水质监测网在20世纪80年代早期建立，目前地下水水质监测网由大约380个监测井组成，约每$100km^2$分布1个井。大部分监测井分布在用于饮用水源的淡水地区。监测井的位置与土壤类型和土地利用密切相关。监测井都是专门为取水样而建设的。考虑到荷兰地下水流速十分缓慢，水质监测取样频率为每年1次。

欧盟国家地下水水质监测从20世纪七八十年代开始。地下水水质监测网的建立根据国家的需求并考虑当地的水文地质条件，因而，国与国之间的监测目的大不相同。但是，"普查监测"和"水质趋势监测"是所有欧盟国家的共同目的。欧盟于2000年颁布的水框架条例（WFD），（简称条例）旨在保护欧洲的水体，其目标是到2015年使欧盟所有成员国的水与生态达到良好状态。条例要求监测所有流域的地表水与地下水，监测工作组于2003年公布了监测指南。监测指南详细规定了如何建立地表水和地下水监测网。其中地下水监测计划区分为地下水水位监测网和地下水水质监测网，地下水水质监测网又细分为普查监测网和运行监测网。在每个水框架计划周期（15年）的最初年份要进行普查监测。在两次普查监测周期之间要进行运行监测。运行监测专注于监测在地下水水质风险评价中表明有风险的地下水体。

美国地质调查局和美国环保署是负责美国地下水水质监测的主要国家机构。美国地质调查局从1991年开始执行国家水质评价计划，旨在建立河流、地下水和水生态的长期与可比的信息系统以支持国家、区域、州和地方水质管理和政策的信息需求。美国国家水质评价计划的主要特点为：①全国应用相同的研究设计和方法，因此水质状况评价结果可以在区域或全国进行对比；②研究计划是长期和周期性的，因此可以分析水质趋势变化以确定水质是在变好还是恶化；③研究分析人类活动（污染源、土地利用和化学物质使用）和自然因素（土壤、地质、水文和气象）与水质、水生态和河流生态环境的关系，因此研究成果支持水资源管理、饮用水源保护和水生态保护决策；④研究分析水质与人类健康的联系，因此研究成果有助于保护国家饮用水源；⑤综合评价把监测、模型和其他工具相结合，因此可以用有限监测点获得的知识，评价不同的水资源管理方案以及预测管理措施对水质状态的影响。

第2章 岩溶水资源监测体系规划方法与应用

2.1 岩溶水资源监测体系相关概念

2.1.1 监测目的

根据监测经验分析，针对监测目的设计的监测网可取得事半功倍的效果。一般地下水监测的目的如下：

（1）地下水系统识别。主要包括含水层参数识别、地下水资源评价、地下水时空分布特征、确定与地表水的联系、补给与排泄区的划分。

（2）地下水资源开发。主要包括地下水最优开采方案设计、降落漏斗区圈定、地下水开采的影响。

（3）水资源综合管理。主要包括控制地下水水位埋深、保护自然保护区、湿地修复、水管理措施的效果评价、跨界水流的确定。

2.1.2 监测网分类

根据国际地下水水位监测网分类，结合我国相关规范，地下水监测网一般宏观上可划分为战略（一级或背景）监测网和运营（二级或特殊）监测网两大类型。

2.1.2.1 战略监测网

战略监测网指大区域性的区域监测网或国家监测网，用于地下水资源的规划与管理。其特点如下：

（1）以独立的地下水盆地为监测单元，甚至包括整个国家。

（2）监测区域地下水动态和总体影响。

（3）监测井设立在主要含水层组，密度相对低。

（4）长期监测，频率相对低。

2.1.2.2 运营监测网

运营监测网指局部监测网，用以监测供水地下水系统的运行和其他的特殊目的。其特点如下：

（1）面向局部问题，如监测水源地周围的水位下降、监测灌区的影响、监测自然保护区的地下水位变化等。

（2）监测网密度要相对高，以便确定局部影响。

（3）监测频率要相对高，以便监测短期的变化趋势。

战略监测网和运营监测网通常结合在一起，组成一个统一的地下水监测网。

岩溶水区域分布相对分散，而岩溶水监测对地下水资源利用管理与保护研究又非常重要，且目前缺乏比较完善的岩溶水监测体系，难以满足需要，只有将战略监测网和运营监测网的监测目的及其特点统筹考虑，才能比较准确地定位岩溶水资源监测体系。岩溶水监测网既是地下水监测网的一部分，又是为监测岩溶水，特别是岩溶水源地地下水动态而设置，因此，岩溶水资源监测体系规划的监测网一般是战略监测网和运营监测网的结合。

2.1.3 岩溶水资源监测体系规划的概念

2.1.3.1 岩溶水资源监测体系

《现代汉语词典》对"体系"的解释为：体系是指若干事物或某些意识互相联系而构成的整体。体系是一个科学术语，泛指一定范围内或同类事物按照一定的秩序和内部联系组合而成的整体。

岩溶水资源监测体系是为实现一定地区范围的岩溶水资源监测目标，根据岩溶水自然属性与运动特征，由一组相关的水位、水质、开采量与泉水监测维度组成。

2.1.3.2 岩溶水资源监测体系规划

规划，是个人或组织制定的比较全面长远的发展计划，是对未来整体性、长期性、基本性问题的思路和考量，设计未来整套行动的方案。

岩溶水资源监测体系规划是为实现岩溶水科学开发利用与保护的管理目的而进行的总体部署。监测体系规划的主要任务是：整合各部门、各相关研究项目，有效地利用资源，合理配置监测站点、确定监测层位，使岩溶水监测体系实现综合协调，统筹发展，提高监测体系的经济社会效益，为更好发挥岩溶水资源的战略性作用打下坚实基础。

规划工作具有 3 个基本特性，即畛域性、科学性、相关性。畛域性指规划涉及的时间与空间特性；科学性指科学方法与可操作性；相关性指与规划制定与实施相关的经济社会发展趋势等。岩溶水资源监测体系规划的畛域性指规划的地域范围、规划水平年、监测维度；科学性指岩溶水水位现状监测站网的科学评价、科学的需求分析、科学的站网设计方法选择等；相关性指岩溶水监测体系规划与第四系地下水、地表水、降水监测体系现状与规划的关系，以及国家等相关监测规划的关系，与地下水开发利用管理策略的关系等（图 2-1）。

岩溶水资源监测体系规划编制需遵循的技术流程包括：紧密围绕研究目标和任务，在收集相关监测资料、调研国内外岩溶水资源监测体系规划方法研究最新进展的基础上，进行现状站网评价，提出规划需求，结合区域水文地质条件和岩溶水开发利用实际，确定规划原则、规划水平年，确定规划框架和方法，编制规划。

2.1.3.3 岩溶水资源监测体系规划的维度与属性

根据岩溶水含水岩组特征、岩溶水补给、径流及排泄特征、岩溶水动态与开发利用情

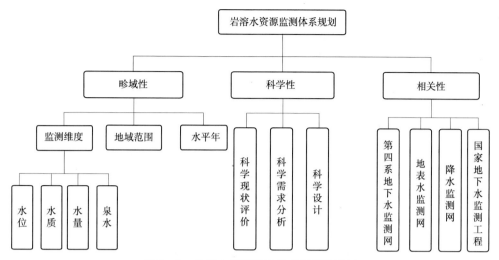

图 2-1 岩溶水资源监测体系规划特性图

况，结合相关规范及国际监测情况，确定岩溶水资源监测规划维度。

监测规划维度包括水位、水质、水量和泉水。相关规范中，一般将水温作为独立监测要素提出，实际工作中，水温的监测方法比较单一，相对独立性差，一般结合水质站点布设，自动监测设备一般水位设备带水温，因此本书不单独将水温作为一个监测维度提出。

在各监测维度内定义其监测规划属性，水位监测维度的监测规划属性包括水位监测网布局、监测层位、监测频率和监测方式；水质监测维度的监测规划属性包括水质监测网布局、监测层位、监测项目、监测频率和监测方式；水量监测维度的监测规划属性包括水量监测网布局、监测层位、监测频率和监测方式；泉水监测维度的监测规划属性包括泉水监测网布局、监测层位、监测项目、监测频率和监测方式。岩溶水资源监测规划维度与属性见图 2-2。

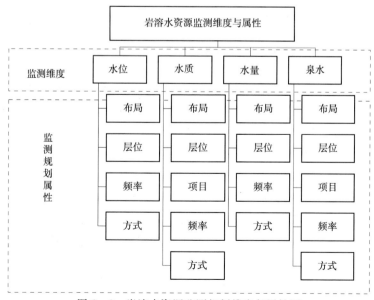

图 2-2 岩溶水资源监测规划维度与属性图

2.2 规划基本要求

2.2.1 规划目标、范围及水平年

2.2.1.1 规划目标

根据岩溶水勘查研究最新资料，结合降水、地表水、第四系地下水监测资料，开展岩溶水水位、水质、开采量及泉水监测规划，构建为岩溶水资源开发利用与保护服务的岩溶水监测体系，提高为保障供水安全提供监测信息服务的能力。

2.2.1.2 规划范围

根据岩溶水开发利用范围、岩溶水勘查评价项目勘查范围，确定岩溶水资源监测规划范围。根据监测为岩溶水科学开发利用及有效保护服务的目标，监测体系规划将结合岩溶水勘查研究程度，考虑专门监测井投资、建设可行性，可以进一步确定监测规划重点地区。

2.2.1.3 规划水平年

根据岩溶水资源监测现状及岩溶水资源勘探研究实际确定规划基准年，同时考虑受经济社会发展水平对资金投入力度影响，确定近期及远期规划水平年。

2.2.2 规划原则

在充分考虑岩溶水是战略储备水源，以及岩溶水在某些重点区域、对于某些重点单位以及在与平原区地下水开采布局合理配置需求中重要地位无可替代的实际，结合岩溶水资源监测站网评价、需求分析，参照相关规范等确定规划原则。

（1）既考虑为岩溶水开发利用与保护的服务需求，又考虑监测实施的经济、技术等可行性，将长期监测与短期研究相结合、人工监测与自动监测相结合，水位、水质监测网相结合，并遵循不断完善原则。

（2）监测网布设与岩溶水分布区紧密结合。

（3）区域岩溶水开发利用程度与开发利用潜力相结合，确定监测体系规划重点目标含水岩组。

（4）突出一站多功能性，特别是水位、水质监测站点结合原则。

（5）以规划监测网为框架，在继承的基础上合理布设新的监测网。

（6）参照《地下水监测工程技术规范》（GB/T 51040—2014）、《地下水动态监测规程》（DZ/T 0133—1994）、《地下水监测规范》（SL 183—2005）要求，实现监测网的分级（国家、省级）布设。

2.2.3 规划编制依据

规划编制依据是在岩溶水资源监测体系规划过程中，在站网布局设计、监测频率设计及监测规划初步结果复核时，所需参照的相关国家标准、行业标准及区域岩溶水勘察评价

相关成果，包括《供水水文地质勘察规范》（GB 50027—2001）、区域岩溶水勘查评价最新成果等。

2.3　岩溶水资源监测体系规划方法

根据水位站网布局与监测频率设计、水质站网布局设计相关国际前沿技术，提出相关监测维度中部分属性的规划方法。尽管相关规范中并未明确岩溶水监测体系规划方法，但部分规范提出了某些监测维度中属性的参数范围，使规范在一定程度可供参照。

监测规划方法按监测维度分类，包括岩溶水水位监测规划方法、水质监测规划方法、水量监测规划方法和泉水监测规划方法。

监测规划方法按监测属性分类，包括岩溶水监测网布局规划方法、监测频率规划方法、监测方式规划方法。

岩溶水资源监测体系规划涉及水位、水质、水量和泉水 4 个监测维度，各监测维度的监测规划属性又包括布局、层位、频率、方式等。不同监测维度所用规划方法具有差异性，所参照的相关标准也不同，为使各类规划方法表述更突出监测相关性，监测体系规划方法按监测维度展开。

2.3.1　水位监测网规划方法

2.3.1.1　监测网布局规划方法

区域地下水位监测网布局规划主要包括以下内容：

（1）确定监测区的特征。监测区域的地理范围应当包括一个完整的水文地质单元，应分析监测区域内气象、水文、地形、土地利用、社会经济活动以及水资源开发数据，以确定监测区的特征。

（2）定义地下水监测目的。地下水位监测目的是定量评价地下水量特征状态及其对基流和生态系统的影响。

（3）概化水文地质条件。确定水文地质单元分区。

（4）评价现有监测网。若区内已有监测孔监测地下水水位，应对现有监测网进行评价，包括监测井情况调查、监测网密度和频率评价、数据管理和信息发布的检测。

（5）设计优化的监测网。监测网的定量设计一般用地质统计方法，需要用实测数据估计空间和时间上的相关结构。若现有数据较少，无法应用地质统计法，必须应用水文地质法。

地下水位监测网布局规划，根据区域水文地质条件、监测资料翔实程度、岩溶水监测相关研究深度等，主要包括：①相关规范与国际监测现状结合法；②地下水动态类型编图法；③克里金（Kriging）法。

1. 相关规范与国际监测现状结合法

我国现状区域地下水监测规划实际工作中，根据规范相关要求，结合本地实际情况，确定不同区域监测站点布局及密度。

根据现状水位监测网密度规划工作实际，提出结合区域水文地质条件、岩溶水开发利用实际。考虑监测需求的基础上，利用规范监测密度技术要求结合国际监测现状确定监测站网布局。

（1）相关国家标准和行业规范。我国从20世纪50年代已开展地下水监测工作，多年来积累了比较丰富的地下水监测资料，同时在监测管理工作方面也不断创新与完善，先后制定了《地下水监测工程技术规范》（GB/T 51040—2014）、《地下水动态监测规程》（DZ/T 0133—1994）、《地下水监测规范》（SL 183—2005），在我国地下水监测规划工作中发挥了重要作用，为地下水合理开发利用与有效保护工作奠定了基础。

表2-1～表2-4为相关标准中关于水位监测网密度的相关要求。

表 2-1　　　　　　　　GB/T 51040—2014 相关规定（一）　　　　　单位：眼/10^3 km^2

基本类型区名称			监测站布设形式	开发利用程度分区			备　注
一级	二级	三级		弱	中等	强	
平原区	冲、洪、湖积平原区	山前冲洪湖积倾斜平原区	全面布设	3～4	4～8	8～15	地下水开发利用程度用开采系数 K_c 表示，即开采量与可开采量之比。地下水开发利用程度可划分为4级： （1）弱开采区：$K_c<0.3$。 （2）中等开采区：$K_c=0.3～0.7$。 （3）强开采区：$K_c=0.7～1.0$。 （4）超采区：$K_c>1$。 其中，超采区在表2-2中
		冲积平原区		2～4	4～8	8～15	
		滨海平原区		2～4	4～8	8～15	
		湖积平原区		1～2	2～5	5～10	
	山间平原区	山间盆地区	选择典型区布设	3～5	5～10	10～15	
		山间河谷平原区		4～6	8～10	10～15	
	内陆盆地平原区	山前倾斜平原区		1～2	2～6	6～10	
		冲积平原区		0.5～1	1～4	4～10	
		河谷区		0.5～1	1～6	6～10	
	黄土高原区	黄土台塬区		0.3～0.6	0.6～2	2～4	
		黄土梁峁区		0.5～1.5	1.5～4	4～8	
	荒漠区	绿洲区		2～3	3～6	6～10	
		河谷区		1～2	2～6	6～8	
山丘区	一般基岩山区	风化网状裂隙区	选择典型代表区布设	2～3	3～6	6～8	
		层状裂隙区		3～4	4～8	8～10	
		脉状断裂区		4～6	6～8	8～10	
	岩溶山区	裸露岩溶区		1～2	2～4	4～6	
		隐伏岩溶区		2～3	3～6	6～8	
	丘陵区	基岩丘陵区		1～2	2～4	4～6	
		红层丘陵区		1～2	2～4	4～6	
		黄土丘陵区		0.5～1	1～3	3～6	

表 2 - 2 　　　　　　　　　　　GB/T 51040—2014 相关规定（二）　　　　　　单位：眼/10³km²

特殊类型区名称	密度	特殊类型区名称	密度
城市建成区	15~30	地下水污染区	10~15
大型水源地	10~20	生态脆弱区	5~15
超采区（漏斗区）	15~30	次生盐渍化区	10~15
海（咸）水入侵区	20~30	岩溶塌陷区	10~20
地面沉降区	20~30		

表 2 - 3 　　　　　　　　　　　　DZ/T 0133—1994 相关规定　　　　　　　　单位：点/10³km²

网点级别	水文地质条件	区域监测网点，地下水供水占40%以上的地区			城市监测网点		
		孔隙水	岩溶水	裂隙水	地下水供水>80%	地下水供水50%~80%	地下水供水<50%
国家级	复杂	2.0~1.4	0.7~0.5	0.5~0.4	2.0~1.5	1.5~1.2	1.2~0.9
	中等	1.4~0.9	0.5~0.4	0.4~0.3	1.5~1.2	1.2~0.9	0.9~0.6
	简单	0.9~0.5	0.4~0.3	0.3~0.2	1.2~0.9	0.9~0.6	0.6~0.3
省（自治区、直辖市）级	复杂	4.0~3.2	2.5~2.0	1.5~1.0	5.0~3.8	3.8~3.0	3.0~2.2
	中等	3.2~2.5	2.0~1.5	1.0~0.7	3.8~3.0	3.0~2.2	2.2~1.5
	简单	2.5~2.0	1.5~1.0	0.7~0.5	3.0~2.2	2.2~1.5	1.5~0.8
地区级	复杂	6.0~5.3	5.0~4.0	2.0~1.6	6.5~5.4	5.0~4.0	4.0~3.0
	中等	5.3~4.6	4.0~3.2	1.6~1.3	5.4~4.3	4.0~3.0	3.0~2.0
	简单	4.6~4.0	3.2~2.5	1.3~1.0	4.3~3.3	3.0~2.2	2.0~1.2

表 2 - 4 　　　　　　　　　　　　SL 183—2005 相关规定　　　　　　　　　单位：眼/10³km²

名　称	基本类型区	监测站布设形式	开采强度分区			
			超采区	强开采区	中等开采区	弱开采区
平原区	冲洪积平原区	全面布设	8~14	6~12	4~10	2~6
	内陆盆地平原区		10~16	8~14	6~12	4~8
	山间平原区		12~16	10~14	8~12	6~10
	黄土台塬区	选择典型代表区布设	宜参照冲洪积平原区内弱开采区水位基本监测站布设密度布设			
	荒漠区					
山丘区	一般基岩山丘区					
	岩溶山区					
	黄土丘陵区					

（2）国外地下水水位监测网密度情况。通过相关国家地下水监测网分析，综合地下水

水位监测网密度，见表 2-5。

表 2-5	国际现状监测网密度		单位：眼/$10^3 km^2$	
国家	英国	荷兰	德国	美国
站网密度	12	107	10	3

2. 地下水动态类型编图法

地下水一般由高水位的补给区流向低水位的排泄区，但含水层的非均质导水和储水性能造成地下水水位在空间上的复杂分布和随时间的复杂变化。地下水水位的时空分布是受气象、水文、地质、地形、生态和人类活动综合影响的结果。影响地下水动态的因素可归类为：

（1）地表特性。包括地形地貌和土地利用，影响地下水的补给和排泄。

（2）非饱和带特性。包括土壤岩性和地下水水位埋深，作为一个缓冲带延迟和减缓地下水水位对外部影响的响应。

（3）饱和带特性。包括含水层的岩性和边界条件，在很大程度上决定了地下水水位在空间上的复杂分布和随时间的复杂变化。

（4）水文因素。包括降水、蒸发蒸腾和地表水体，是天然地下水水位变化的主要因素。

（5）人类活动影响。地下水开发利用量超过允许开采量是地下水水位持续下降的主要因素。

地下水水位监测网规划的重要依据是对上述影响因素的综合分析。由于影响地下水动态的因素存在空间变化，把这些因素在空间进行叠加会划分出许多不同的区，每个区可能存在不同的地下水动态类型，这些区可以称为地下水动态类型区。例如，补给区的地下水水位变化与排泄区不一样。系统地圈划地下水动态类型区是综合分析动态影响因素的合理方法。

绘制地下水动态类型图的流程为：①结合地貌图和地质图编制水文地质分区图，水文地质分区图代表饱和带特性，用水位埋深和非饱和带岩性图编制非饱和带分区图；②利用降水分布图和土地利用图编制地下水补给分区图；③在河流、湖泊、水库、泉水溢出带和水源地周围划分局部影响区；④把这 4 张专题图叠加则生成地下水动态类型分区图。

地下水动态类型分区图可作为规划区域地下水位监测网的依据。其基本原理是每个地下水动态类型分区至少应有一个地下水水位监测孔，以便监测不同的地下水水位时空变化规律。在此基础上，还需要满足：①垂直水文地质边界设计一对监测孔，用以计算边界的流入量和流出量；②垂直河流、湖泊或水库设计一对监测孔，用以计算水量交换；③在多层含水层安装监测组孔监测分层地下水水位，用以计算垂向水量交换；④监测孔应尽可能远离开采井，以消除开采造成的短期影响。

3. 克里金（Kriging）法

区域地下水水位监测网规划的最优思路为，对区内重要位置（比如每个动态类型区）

的地下水水位进行监测，监测点之间的地下水水位用空间插值法插值。联合应用监测网与空间插值法可以用最低的费用获取所需的地下水水位信息。插值的精度取决于监测井的个数与位置。因而，所用的插值法应不仅能给出插值，还应提供插值的误差值。克里金插值法的原理可参阅许多专著。克里金插值 Z_0^* 定义为监测值的加权平均值，即

$$Z_0^* = \sum_{i=1}^n \lambda_0^i Z_i$$

插值的精度定义为插值的误差的方差，即

$$\mathrm{var}(Z_0^* - Z_0) = \sum_{i=1}^n \lambda_0^i \gamma(x_i - x_0) + \mu$$

式中　　　Z_0^*——克里金插值；

Z_i——在位置 x_i（$i=1, 2, \cdots, n$）的观测值；

λ_0^i——克里金权值；

$\gamma(x_i - x_0)$——方差函数（Variogram）值；

μ——拉格朗日乘子。

克里金插值误差的方差可以作为评价监测网质量的一个标准。一个最优的监测网生成的克里金插值误差的方差应当是最小的。克里金插值法的特点为，计算插值误差的方差只与监测井的个数和位置（监测网的密度）、空间相关结构（方差函数）有关，而与实测值无关，利用这一特点可以规划监测网密度。

用克里金插值法规划监测网密度的方法有模拟方法和最优化方法两类。在事先给定最大允许插值误差条件下，模拟方法试图确定最小的监测井个数，具体办法可以用试误调整法或系统分析法。最优化方法的目标是使插值误差最小，或用多目标决策。最优化方法还在开发阶段。

2.3.1.2　监测频率规划方法

1. 时间序列分析与统计检验法

根据文献分析，国际上在实践中应用的且比较先进的地下水监测频率设计方法为，依据时间序列分析与统计检验，并将监测频率与监测目的用统计参数结合起来，总目标分解为3个技术目标：①趋势分析；②识别周期变化；③估计平均值。

监测频率同时取决于地下水水位的变化特征，包括趋势特征、周期特征与平稳随机变量的特征。

趋势特征包括趋势类型（如线型或阶梯趋势）和趋势大小。趋势越大，统计检验出趋势的概率越高，因此用低频率的监测即可发现大幅度的趋势变化。

周期特征包括周期成分数量以及每个周期成分的周期与振幅。显然，高频率的周期波动只有用高频率的监测才能监测到。

平稳随机变量的特征包括时间相关结构与标准差。时间相关结构用时间序列的自相关函数描述。地下水时间序列自相关越高，监测频率应越低。标准差越大，说明随机干扰越多，越难监测趋势和识别周期变化，需要的监测频率越高。

（1）趋势分析。检验线型或阶梯趋势的概率可作为监测趋势的定量标准。检验趋势的概率也称为检验趋势的能力，计算公式为

$$P_w = 1 - \beta = F(N_T - t_a/2)$$

式中　$F(x)$——累计概率分布函数；

　　　N_T——趋势数；

　　　$t_a/2$——置信度为 a（通常取 5%）时的学生分布的临界值。

对阶梯趋势检验，N_T 为

$$N_T = \frac{T_r}{2s_p/\sqrt{n}}$$

对线型趋势检验，N_T 为

$$N_T = \frac{T_r}{\sqrt{12}\,s_1/\sqrt{n\,(n+1)\,(n-1)}}$$

式中　T_r——趋势幅度；

　　　s_p、s_1——阶梯和线型趋势序列的标准差。

对阶梯趋势检验，其计算公式为

$$T_r = |\mu_1 - \mu_2|$$

对线型趋势检验，其计算公式为

$$T_r = n\,|\beta_1|$$

式中　μ_1、μ_2——阶梯序列两个子序列的平均值；

　　　β_1——线型趋势序列的斜率。

给定置信度，趋势检验的能力取决于趋势大小、检验趋势的时期、监测频率、监测序列的相关结构和标准差。对于某个监测区，监测序列的相关结构和标准差可以用历史监测数据计算。因而，趋势检验的能力简化为监测频率的函数。图 2-3 所示为检验阶梯趋势的能力与监测频率的关系。很显然，随着监测频率的增加，检验阶梯趋势的能力也增加。标准化趋势幅度（STM）越大，检验阶梯趋势的能力也越大。当给定要检验的趋势大小和要求检验的能力时，所需的监测频率可从图上读取。

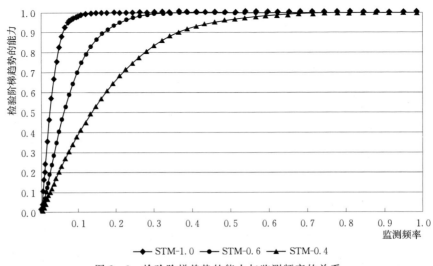

图 2-3　检验阶梯趋势的能力与监测频率的关系

（2）识别周期变化。监测频率应当足够高才可以监测周期性变化。图 2-4 所示为监测频率对监测周期变化的影响。当监测间距大于周期长度的一半时，则无法监测到真实的周期变化。只有当监测间距小于周期长度的一半时，才有可能监测到真实的周期变化。因此，在每个周期内，至少要监测 3 次才可能监测到显著的周期变化。

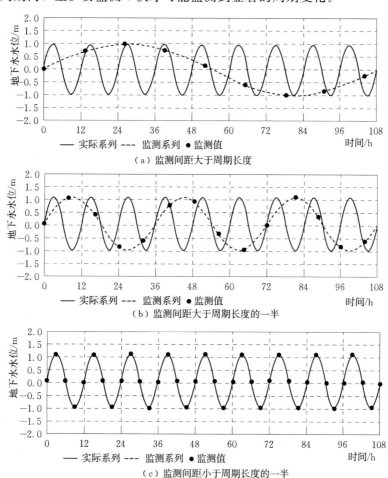

图 2-4 监测频率对识别地下水周期变化的影响

给定置信度，半置信区间是监测频率、监测序列的相关结构和标准差的函数。随着监测频率的增加，半置信区间逐渐减小，估计精度提高。

（3）估计平均值。估计平稳序列的平均值，常用的方法是估计平均值的信息含量。在此只介绍半置信区间，其计算公式为

$$R = \frac{t_{a/2}s}{\sqrt{n^*}}$$

式中　n^*——等效独立监测次数。

对于 AR（1）时间序列其计算公式为

$$n^* = \left[\frac{1}{n} + \frac{2}{n^2} \frac{\rho_1^{(n+1)\Delta t} - n\rho_1^{2\Delta t} + (n-1)\rho_1^{\Delta t}}{(\rho_1^{\Delta t}-1)^2} \right]^{-1}$$

式中　ρ_1——时间滞后一个单位时的自相关系数。

图 2-5 所示为标准化的半置信区间与监测频率的关系。随着监测频率的增加，半置信区间逐渐减小，估计平均值的精度越高。

如给定要估计平均值的精度，所需的监测频率可从图 2-5 读取。

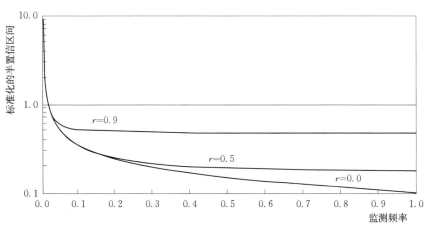

图 2-5　估计平均值的标准化半置信区间与监测频率的关系

最后，选取趋势分析、周期识别及平均值估计所需的最大频率作为监测区域地下水水位的监测频率，它可以满足监测区域地下水水位实际动态变化的要求。

2. 相关规范与国际监测现状结合法

根据国内监测规范要求，结合国际地下水水位监测现状，归纳出相关规范与国际监测现状结合法。

与监测频率规划相关的权威规范主要包括《地下水监测工程技术规范》（GB 51040—2014）、《地下水动态监测规程》（DZ/T 0133—1994）、《地下水监测规范》（SL 183—2005）。DZ/T 0133—1994 中规定国家级城市监测点每月 6 次；SL 183—2005 中规定，人工监测频率 5 日 1 次，自动监测频率 4 小时 1 次。国际监测现状，人工 0.2～4 次/月，自动监测 1 次/天。

（1）GB 51040—2014。地下水水位监测频率相关规定如下：

1）实行自动监测的基本监测站，每日监测 6 次。未实现自动监测的基本监测站，每日监测 1 次。

2）普通水位监测站每 5 日监测 1 次，并可根据监测目的加密监测频次。

3）水位统测站每年监测 3 次。

4）为特殊目的设置的地下水监测站，应根据设站目的要求设置地下水监测频次。

5）在地震易发地区地震易发期，水位水温自动监测站应按照地震监测相关要求增加监测频次。

（2）DZ/T 0133—1994。地下水水位监测频率相关规定如下：

1）国家级监测点。区域监测点每月测 3 次，城市监测点每月测 6 次。

2）省级监测点。区域监测点每月测 3 次，城市监测点每月测 3～6 次。

3）地区级监测点。用来补充省级监测点时，其监测频率与省级监测点相同；用来进行水位统一测量时，在每年低水位期、高水位期和 12 月 30 日监测，如果水位年度变化幅度小于 1.5m，则高、低水位期的统测，可只测其中的 1 次。

4）专门性监测点。根据监测目的和精度要求而定。

水位监测日期为：每月监测 6 次时，逢 5 日、10 日测（2 月为月末日）；每月监测 3 次时，为逢 10 日测（2 月为月末日）。

水位监测频率可根据地下水动态类型与特征及监测工作研究程度等因素，酌情增减。

（3）SL 183—2005 相关规定。地下水水位监测频率相关规定如下：

1）国家级水位基本监测站实行自动监测，每日定时采集 6 次监测数据。

2）省级行政区重点水位基本监测站每日监测 1 次。

3）普通水位基本监测站汛期宜每日监测 1 次，非汛期宜每 5 日监测 1 次。

4）水位统测站每年监测 3 次。

5）试验站的水位监测频次，可根据试验目的自行确定。

（4）国际监测频率现状情况。见表 2－6。

表 2－6　　　　　　　　　　　　　国外部分国家地下水水位监测频率

国家	英国	荷兰	德国	美国
监测频率	2～12 次/年	2 次/月	1 次/周	自动 1 次/天

2.3.1.3　监测层位与监测方式规划方法

目前国内外一般无针对岩溶水的监测层位与监测方式的专门规划方法，因此结合实际工作提出相关规划方法。监测层位规划一般在区域岩溶水开发利用实际调查基础上，针对现状开发利用目标含水岩组以及具有开发利用潜力的含水岩组开展规划。监测方式规划则根据监测技术发展成熟度与投资需求统筹确定，监测方式主要包括人工监测和自动监测。

2.3.2　水质监测网规划方法

2.3.2.1　监测网布局规划方法

1．地下水污染分区图法

世界上正在执行两个巨大的地下水质监测和评价项目，即欧盟的水框架计划和美国的国家水质评价计划。在上述项目实施中地下水污染分区图法规划地下水水质监测网思路逐渐清晰，规划步骤一般包括：①确定监测区域特征，包括社会经济特征和水文地质环境特征；②定义地下水水质监测目的；③地下水易污性评价；④地下水污染源调查；⑤地下水污染风险评价；⑥地下水监测网规划。

（1）地下水易污性评价。地下水易污性是指含水层系统对于人类活动在地表产生的污染物进入地下水具有自然保护作用。由于自然保护能力的差异，含水层地下水在一些地区比起另一些地区更容易遭受污染。过去 20 多年来已开发了许多地下水易污性的评价方法，其中最新开发的欧洲方法适用于岩溶含水层。

欧洲方法是专门为评价岩溶含水层地下水易污性而开发的，基本评价思路是污染源—污染途径—污染对象。污染源指释放污染物的位置；污染途经指污染物从释放污染物的位置到达污染对象的途径；污染对象可能是地下水面或供水井或泉水。

欧洲方法应用 4 个要素评价地下水易污性，即含水层顶部地层 O、集中径流带 C、降雨动态 P、岩溶网络发育 K。要素 O、C 和 K 代表地下水系统的内部特征，P 是施加到系统的外部压力。要素 O 可能包含地表土壤、地下土层、非岩溶岩层和非饱和带岩溶岩层 4 组地层。要素 P 和 O 适用任何地层地下水易污性评价，而要素 C 和 K 反映岩溶含水层的特性。

（2）地下水污染源调查与污染风险评价。

1）地下水污染源调查。地下水水质受到许多污染源的威胁。常见的污染源如下：

a. 自然污染源，包括非有机质、微量元素、放射性物质和有机质。

b. 农林污染源，包括化肥、农药、动物粪便和灌溉回归水等。

c. 城市污染源，包括固体废弃物堆放场、污水排放、储油库、地面径流、泄漏等。

d. 矿山与工业污染源，包括尾矿、矿坑水、固体废弃物、污水、回灌井和泄漏等。

e. 水管理失误，包括海水入侵、咸水上移、废井和污染的地表水等。

f. 其他污染源，包括交通、自然灾害和空气污染等。

2）地下水污染风险评价。已有评价特定污染源对地下水污染的评价方法主要包括简单评判法和详细分级法，可用于对固体废弃物堆放场的污染评价、施用农药的污染评价、酸性沉积物的污染和土地污染评价。简单评判法应用现有的污染源类型及其所处含水层的位置信息评价可能对地下水造成污染的威胁。详细分级法在调查污染源的污染物类型、污染物总量、污染物堆放方式、地层对污染物的自净作用和污染物向地下水的迁移途径的基础上对污染源的灾害进行分级。

（3）地下水水质监测网布局规划。地下水水质监测网规划是以污染源分布、含水层易污性评价分区及现有水质监测网分析为基础，并结合区域岩溶水环境特征和国际最新研究成果。其主要思路与原则为：基于地下水水质现状监测网点及历史监测情况；基于地下水易污性评价分区图或地下水防护性分区图；基于地下水污染源分布；加强城市水源地的水质监测；控制不同岩性含水层水质情况，每层均应有监测点；在有争议地区，如有争议岩溶水边界两侧、性质不明断层两侧，均应布设监测点，配合地下水位监测点，研究其两侧之间的水力联系；在岩溶水主要分布区南北及东西向形成联合剖面；地下水水质与地表水水质之间在地表水渗漏地区有一定联系，布设地表水与地下水联合监测点，旨在从水质角度研究两者间的水力关系；在有第四系覆盖区，同时监测第四系水质与岩溶水水质。

需调查现状监测情况，根据污染源等情况，再行确定监测内容。

2. 相关规范与国际监测现状结合法

我国区域性地下水水质监测工作从 20 世纪 80 年代初陆续开展，多年来积累了大量宝贵资料的同时，也制定了相关规范。地下水水质相关规范主要包括《地下水监测工程技术规范》（GB 51040—2014）、《地下水环境监测技术规范》（HJ/T 164—2004）、《地下水动态监测规程》（DZ/T 0133—1994）。

（1）GB/T 51040—2014 相关规定。

1）宜从经常使用的民井、生产井以及泉流量基本监测站中选择布设水质基本监测站，不足时可从水位基本监测站中选择布设水质基本监测站。

2）非超采地区及潜水超采区应采用均匀的正方形网络布设监测站，承压水超采地区采用同心圆放射状布设监测站。

3）普通水质基本监测站的布设密度，控制在同一地下水类型区内水位基本监测站布设密度的 20%，地下水水化学成分复杂的区域或地下水污染区可适当加密。

4）国家级水质基本监测站应占水位基本监测站总数的 40%～50%，省区重点水质基本监测站应占水位基本监测站总数的 50%～60%。

（2）HJ/T 164—2004 相关规定。国控地下水监测点网密度一般不少于 0.1 眼/100km²，每个县至少应有 1～2 眼井，平原（含盆地）地区一般为 0.2 眼/100km²，重要水源地或污染严重地区适当加密，沙漠区、山丘区、岩溶山区等可根据需要，选择典型代表区布设监测点。省控、市控地下水监测点网密度可根据本规范相关条文确定。

（3）DZ/T 0133—1994 相关规定。依据区域和城市区地下水水质分布规律及其动态特征，布设水质监测点。应将所有的国家级城市区水位监测点、30%～50% 的国家级区域水位监测点、30% 的省级水位监测点及特殊水质分布区的水位监测点，同时作为长期水质监测点。

（4）国外部分国家地下水水质监测网密度。见表 2-7。

表 2-7　　　　　　　　　　国外部分国家地下水水质监测网密度表

国　　家	英　　国	荷　　兰	美　　国
站网密度/（眼/10³km²）	4	10	1

2.3.2.2　水质监测频率规划方法

国内一般根据相关规范结合区域水文地质条件及水质变化特征确定监测频率。国外根据相关环境特征与地下水水质监测研究情况，规定了相关监测要求与监测频率。例如《欧盟水框架指令》对地下水水质监测的要求见表 2-8。

表 2-8　　　　　　　　　《欧盟水框架计划》对地下水水质监测的要求

水框架协议要求	监测活动	时间/a	期限
水体特征		2	2002—2004 年
信息分类需要	定义监测策略	0.5	2004—2005 年
设计和安装	站网设计、新井安装、现有监测井改装	2	2005—2008 年
地下水状态评估	监测结果分析和展示	0.5	2008 年
初稿	监测计划	2	2005—2009 年
监测开展	监测	3	2009—2012 年
第一个监测循环	监测	7	2008—2015 年

1. 国内相关监测规范

（1）GB/T 51040—2014 相关规定。

1）水质基本监测站应每年丰、枯水期各监测 1 次。

2）集中供水水源地应每年丰、枯水期各监测 1 次。

3）安装水质自动监测仪器的监测站，应每天监测1次，监测时间为8时。

4）专用监测井应按设置目的与要求确定监测频率。

（2）HJ/T 164—2004相关规定。

1）背景值监测井和区域性控制的孔隙承压水井每年枯水期采样1次。

2）污染控制监测井逢单月采样1次，全年6次。

3）作为生活饮用水集中供水的地下水监测井，每月采样1次。

4）污染控制监测井的某一监测项目如果连续两年均低于控制标准值的1/5，且在监测井附近确实无新增污染源，而现有污染源排污量未增的情况下，该项目可每年在枯水期采样1次进行监测。一旦监测结果大于控制标准值的1/5，或在监测井附近有新的污染源或现有污染源新增排污量时，即恢复正常采样频次。

5）遇到特殊的情况或发生污染事故，可能影响地下水水质时，应随时增加采样频次。

（3）DZ/T 0133—1994相关规定。每年应对水质监测点总量的50%进行采样监测。其中，浅层地下水和水质变化较大的含水层，每年丰水、枯水期各采1次水样；深层地下水和水质变化不大的含水层，每年在开采高峰期采1次水样。其余50%水质监测点，可以每2～3年在开采高峰期普遍采样1次。

2．国外地下水水质监测频率

欧盟水框架计划建议用统计检验确定线性趋势、二次项趋势和系统趋势。这些方法指出地下水的污染趋势需要用长期的低频率（半年1次或1年1次）取样进行监测。一般地下水流速越快，取样频率应越高；地下水流速越慢，取样频率应越低。指南还介绍了各成员国采用的取样频率，例如，英国的监测频率见表2-9。其他国家相关监测频率见表2-10。

表2-9　　　　　　　　　　　英国地下水水质监测频率

水文地质		普查监测	运行监测
地下水流	含水层		
缓慢	潜水	3年1次	半年1次
	承压水	6年1次	每年1次
快速	潜水	每年1次	每季度1次
	承压水	3年1次	半年1次

表2-10　　　　　　　　　　国外部分国家地下水水质监测频率

国家	英国	荷兰	美国
监测频率	1～4次/年	1次/年	4次/半年

2.3.2.3　监测层位、监测项目与监测方式的规划方法

对于岩溶水水质的监测层位、监测项目与监测方式在国内外无明确规划方法。监测层位一般与水位监测层位相同；监测项目根据相关规范对地下水水质的必测项目确定；监测方式根据监测需求与监测技术设备性能等条件确定。

2.3.3　水量监测网规划方法

2.3.3.1　监测网布局规划方法

水量监测网布局规划方法一般为参照相关规范法。GB/T 51040—2014 要求，各水文地质单元或各地下水开发利用目标含水层组，宜分别布设开采量基本监测站；基本类型区地下水开发利用目标含水层宜分别选择 1 组或 2 组有代表性的生产井群布设开采量监测站；每组井群分布面积控制在 5～10km²，每组开采量基本监测站数不应少于 5 个；水源地内的生产井应作为开采量基本监测站。SL 183—2005 对开采量监测网布局方法并未明确要求，规范中相关内容为"对建制市城市建成区、大型特大型地下水水源地、超采区、大型以上矿山和大型以上农业区，应分别进行水量监测。其中建制市城市建成区水量监测应包括用于生活、生产、生态的水量和基建工程排水量；大型以上矿山水量监测应包括用于矿山生产、生活的水量和矿坑排水量；大型以上农业区水量监测应包括用于农田灌溉、乡镇工业生产和农村生活的水量"。DZ/T 0133—1994 提出单井涌水量监测要求，但对于监测站点密度等未明确规定。规范内容包括"单井涌水量监测在水位多年持续下降的开采区内，选择部分代表性国家级监测点与省级监测点（或附近同一层位的开采井）作为涌水量监测点"。SL 365—2015 要求，地下水年取水量不小于 50 万 m³ 的取用水户，应设立国家重要站。地下水年取水量小于 50 万 m³ 的取用水户，各地应根据管理需要和分级管理原则，布设省级重要站和一般站。跨行政区的地下水超采区，沿行政区界两侧（5～10km）利用生产井监测水位的应监测取水量。

2.3.3.2　监测频率规划方法

GB 51040—2014 和 SL 183—2005 要求按月监测。DZ/T 0133—1994 要求每月的 10 日监测 1 次。监测频率设计方法确定为参照规范法。

2.3.3.3　监测层位与监测方式规划方法

水量监测层位一般应与水位、水质监测维度规划相协调，监测层位一般为主要开发利用目标含水岩组及具有开发利用潜力的含水岩组。现状岩溶水水量监测工作中已经基本实现自动监测，因此规划监测方式一般为自动监测。

2.3.4　泉水监测网规划方法

2.3.4.1　监测网布局规划方法

泉水监测网布局基本无具体方法。GB/T 51040—2014 要求，山丘区流量大于 1.0m³/s、平原区流量大于 0.5m³/s 的泉，均应布设泉流量基本监测站；山丘区流量不大于 1.0m³/s、平原区流量不大于 0.5m³/s 的泉，可选择具有供水意义的泉，布设泉流量基本监测站；具有特殊价值的名泉，布设泉流量基本监测站。SL 183—2005 只提出需要监测泉流量，并提出了可采用堰槽法或流速流量仪法，但对泉水监测网设计方法未涉及。DZ/T 0133—1994 要求：根据泉水流量大小，选择容积法、堰测法或流速仪法测流。必须按其测流方法要求进行操作。对于泉水流量站网布局规划方法未涉及。SL 365—2015 要求，作为供水水源的泉水可根据需要布设水量监测站。

2.3.4.2　监测频率规划方法

监测频率设计方法参照 GB/T 51040—2014 和 SL 183—2005 监测频率要求，每月监测 1 次。DZ/T 0133—1994 要求：新设泉水流量监测点，每月监测 1 次，在掌握动态规律后，监测频次要求见表 2-11。

表 2-11　　　　　　　　　　　　　　　泉水监测频率表

泉的稳定程度	稳定系数（最小流量/最大流量）	监测频率
极稳定的	1.0	每季末、季中日各监测 1 次
稳定的	1.0～0.5	
较稳定的	0.5～0.1	每月末、月中日各监测 1 次
不稳定的	0.1～0.03	每月监测 3 次，逢 10 日监测（2 月为月末日）

2.3.4.3　监测项目与监测方式的规划方法

泉水监测项目包括流量和水质。泉流量监测方式根据相关规范与国内监测现状，发达地区一般实现自动监测，规划应为自动监测。水质监测方式的规划方法同本书水质监测内容。

2.4　规划方法选择与成果表达

制定科学与切实可行的岩溶水监测体系规划的前提是选择适合的方法。方法选择受诸多因素的影响，除了外界条件如资料的翔实程度、可用经费等，还需要考虑相关规划方法实际应用广泛性、应用经验、应用条件以及方法成熟度等情况。

相关监测规范是在多年监测所积累宝贵资料基础上，在监测管理工作中不断创新与完善的结晶，也是监测规划工作的主要依据，但规范为了兼顾大范围普遍需求，对于个别地区，比如地下水开发利用极为强烈地区，可能存在某方面欠缺，因此需要结合国际先进技术探索更加适合且相对成熟的规划方法，但规范是监测工作的经典依据，即使应用国际先进技术进行规划，也需要结合区域实际，用规范对相关规划成果进行复核。

2.4.1　监测体系规划的方法选择

2.4.1.1　水位监测规划的方法选择

1. 监测站网布局规划方法分析与选择

（1）监测站网布局规划方法对比分析。目前我国区域监测规划实际工作中基本是应用规范法，该方法适应条件广泛，指导性强，但对于地下水与地表水补排关系、地质环境问题等动态要素区域差异适应性较差，在实际工作中需要在区域相关要素调查分析基础上应用规范。地下水动态类型分区图的方法，已应用于中荷合作的"中国地下水信息中心能力建设"项目中，其中包括济南岩溶泉域、北京平原区、乌鲁木齐河流域的地下水监测站网设计，编图流程能够在 ArcGIS 和 MapGIS 上实现；克里金法设计监测网的两类方法中，模拟方法一般是在区域监测网密度比较大条件下，优化出最小的监测站数量；最优化法还在开发阶段，成熟度相对较差。

（2）水位监测网布局规划方法选择。从实际应用广泛性、应用经验、应用条件等出发，对于相关规范与国际监测现状结合法、地下水动态类型编图法、克里金法进行综合对比分析后，提出适合本区域水位监测维度布局设计方法。但规划工作中如果应用一种方法，都有其局限性，因此，在实际监测规划工作中需要结合本区域岩溶水水文地质勘查情况，探索适合本区域特征的方法，可以是多种方法的结合。

在岩溶水勘探研究基础资料翔实程度较高时，实际规划中，一般首先应用地下水动态类型编图法初步确定监测网；其次，参照相关规范复核监测网密度；再次，结合国外现状监测网密度微调监测网，并确定规划监测网布局。在资料欠翔实地区，主要应用相关规范法，并结合水文地质条件、水资源开发利用情况、地下水与地表水补排关系，并参照国际监测现状等确定监测网布局。

2. 水位监测频率规划方法分析与选择

时间序列分析与统计检验法理论性强，是国际上比较先进的监测频率设计方法，但需要区域内众多监测站点长系列监测资料支持；相关规范与国际监测现状结合法规范应用指导性强，国际监测现状具有重要参考和借鉴价值。根据区域岩溶水水位监测实际与频率设计需求，结合时间序列分析与统计检验法和相关规范与国际监测现状结合法各自特点，提出水位监测频率规划方法。

根据岩溶水现状监测资料实际积累与资料质量分析，在有限的岩溶水监测资料中，尽可能选取较适宜进行时间序列分析的监测数据，进行监测频率设计，在此基础上参照 GB/T 51040—2014、SL 183—2005、DZ/T 0133—1994 的技术要求，并结合国际监测现状确定水位监测频率。

3. 监测层位与监测方式的规划方法选择

一般将区域开发利用目标含水岩组以及具有开发利用潜力的含水岩组作为监测规划目标监测层位。监测方式则根据现状监测实际，国家及省级基本监测站一般选择自动监测，如果用于其他监测目的时，则根据实际需求确定监测方式。

2.4.1.2 水质监测规划的方法选择

1. 水质监测网布局规划方法分析与选择

根据水质监测网设计方法中地下水污染分区图法、参照规范与国际监测现状结合法的特点与适用条件，结合岩溶水勘察研究基础，确定规划思路与方法，一般是几类方法综合应用。

在地下水易污性评价、地下水污染源调查与污染风险评价基础上，根据规划原则，基于以下思路设计水质监测网：①基于地下水水质现状监测网点及历史监测情况；②根据易污性分析；③基于地下水污染源分布；④加强城市水源地的水质监测；⑤控制不同岩性含水层水质情况，每层均应有监测点监测；⑥在有争议地区，如有争议岩溶水边界两侧、性质不明断层两侧，均应布设监测点，配合地下水位监测点，研究其两侧之间的水力联系；⑦在岩溶水主要分布区南北及东西向形成联合剖面；⑧地下水水质与地表水水质之间在地表水渗漏地区有一定联系，布设地表水与地下水联合监测点；⑨在有第四系覆盖区，同时监测第四系水质与岩溶水水质。

在水质监测网初步规划基础上，参照 GB/T 51040—2014、DZ/T 0133—1994、SL 183—2005、HJ/T 164—2004 的技术要求的上限，同时考虑国际地下水水质监测网布局现状，确定水质监测网布局。

2. 水质监测频率规划方法选择

在充分调研国内外地下水水质监测频率规划方法基础上，一般根据相关规范要求，结合国际水质监测频次，考虑与现状监测实际衔接，规划水质监测频率。

3. 监测层位、监测项目与监测方式的规划方法选择

实际工作中，一般结合区域水质状况及污染防控需求，选择岩溶水水质的监测层位、监测项目与监测方式的规划方法。

2.4.1.3 水量监测规划的方法选择

根据岩溶水开采特征与开采量统计管理现状，岩溶水开采一般为集中供水水源地，岩溶井的开采量基本全部监测，新增的开采井一般供生活用水，开采量也是被计量的，因此，不需要规划专门监测网，但应加强岩溶水开采量的计量与统计工作。

根据 GB/T 51040—2014、SL 183—2005、DZ/T 0133—1994 要求，加之水量监测是累加值，因此监测频率设计方法一般为参照规范法。

2.4.1.4 泉水监测规划的方法选择

1. 泉水监测站网布局规划方法选择

相关规范中未明确泉水监测网布局规划方法，结合泉水监测与调查工作开展情况，确定泉水监测网布局设计方法为：根据泉水相关含水岩组富水性特征、泉水类别及其与岩溶水分布区关系，一般在各岩溶水系统的主要构造富水带，选取岩溶一类泉中的重点泉，布设监测点加以控制。

2. 泉水监测频率规划方法选择

根据 GB/T 51040—2014、SL 183—2005、DZ/T 0133—1994 对泉水监测频次要求，监测频率设计方法一般为参照规范法。

3. 监测项目与监测方式的规划方法选择

泉水监测项目规划一般涉及流量和水质。泉流量监测方式的规划方法选择应结合区域监测现状，参照相关规范，考虑规划目标与投资需求等相关情况进行。水质监测方式的规划方法选择同本书水质监测内容。

2.4.2 监测体系规划的成果表达

岩溶水监测体系规划的成果表达是岩溶水监测体系规划工作的总体思路、各类监测维度监测网布局与频率规划、规划结果等的综合反映，成果表达形式主要包括成果报告、附表和附图三部分。

2.4.2.1 编制要求

岩溶水监测体系规划成果报告的编制主要包括以下要求：

（1）充分、综合利用水文地质基础勘察研究资料，最新岩溶水相关资料，降水、地表水监测基础资料。

（2）阐明岩溶水分布区主要含水岩组性质、水动力条件，结合岩溶水分布区开发利用现状，分析现状监测站网运行实际与相关规划站网布局，确定规划水平年与重点规划区域等。

（3）从岩溶水监测体系规划为水资源科学开发利用与有效保护服务目标出发，遵循相关规划原则与依据，突出岩溶水监测体系规划既符合实际又具有前瞻性。

（4）报告的内容尽可能简明扼要，重点突出，论证充分，结论可靠，附图、附件齐全，主要图件符合编图要求，文、图、表统一，无错误和矛盾。

2.4.2.2 主要内容

岩溶水监测体系建设规划技术文本的内容主要包括规划目的、意义，自然地理与岩溶地下水概况，岩溶水资源与开发利用特征，现状监测体系评价与需求分析，规划原则与依据，岩溶水水位、水质、水量与泉水监测维度的站网布局、监测频率、监测方式等。为了简明清晰，以下以大纲形式说明岩溶水监测体系规划成果报告编制内容。

1 概述

1.1 项目实施必要性

1.2 工作基础

1.3 目的任务

2 区域概况

2.1 自然地理与地质概况

2.2 岩溶地下水概况

2.3 岩溶水开发利用概况

3 监测体系评价与需求分析

3.1 监测体系评价

3.2 岩溶水监测需求分析

4 规划总则与监测重点

4.1 规划总则

4.2 区域监测重点

5 监测网规划

5.1 地下水水位监测规划

5.2 地下水水质监测规划

5.3 开采量监测规划

5.4 泉水监测规划

6 效益分析

6.1 社会效益分析

6.2 经济效益分析

6.3 环境效益分析

7 结论与建议

7.1 结论

7.2　建议

附表

岩溶水水位监测规划表

岩溶水水质监测规划表

岩溶水水量监测规划表

岩溶泉水监测规划表

附图

岩溶水水位监测规划图

岩溶水水质监测规划图

岩溶水水量监测规划图

岩溶泉水监测规划图

2.5　规划实例——西山岩溶水系统监测体系规划

2.5.1　自然地理与地质概况

2.5.1.1　自然地理

西山岩溶水系统包括北京西南部山区及西山东部前缘。西南部地形以山区为主，平原只在本区的东南部山前有少量分布，地势总体上西高东低。山区百花山高程 1990.70m，大安山 1591.40m，北岭 850.00m；中部大石河谷霞云岭高程 400.00m，长操 250.00m，磁家务 100.00m；南部山区大石河与拒马河分水岭一线，宝儿水高程 1256.00m，大洼尖 1210.00m，猫耳山 1307.00m，山前平原高程在 50.00～100.00m 之间。大石河切割中部山区形成峡谷，又由于构造运动的影响，在东部北岭向斜形成较高地形。本区地壳经历了 3 个抬升—稳定的地质运动阶段，共发育三级夷平面，相应的在 3 个层次上发育了峰林、溶洞、溶蚀谷地等多种多样岩溶地貌。如一级夷平面为标高 700.00～900.00m（上方山顶标高 867.00m）；二级夷平面标高 500.00～700.00m（云水洞标高 530.00m）；三级夷平面标高在 500.00m 以下，在山前形成平缓丘陵，发育有仙栖洞（标高 250.00m）。西山东部前缘地势西北高东南低，北部香峪大梁为东西向的分水岭，西部香山-福惠寺为南北向的分水岭。分水岭两侧冲沟发育，主要山峰高度 650.00m 左右，在山前地带分布有高程在 90.00～150.00m 的残山，如玉泉山、老山、田村山等，东南部为永定河冲洪积作用形成的平原区，山前坡降为 2‰左右，高程一般为 50.00～70.00m。

系统所处区域属典型暖温带半湿润大陆性季风气候，四季分明，冬季寒冷干燥，夏季高温多雨。多年平均气温 11.6℃，日最高气温可达 42.6℃。多年（1959—2005 年）平均年降雨量 580.5mm（房山霞云岭站为 687mm），1999—2008 年降水量偏少，年均降雨量为 487mm。全区丰水年（$P = 25\%$）降水量为 687.0mm，平水年（$P = 50\%$）为 571.3mm，偏枯水年（$P = 75\%$）为 459.1mm，枯水年（$P = 95\%$）为 338.0mm，降水量在时间和空间上分布极不均匀。年内降水的 80% 集中在汛期（6—9 月），年际降水量最大达 1261mm（1954 年），最小仅 311mm（1965 年）；降水地区差异大，一般年降水量山区比平原区多 40mm，而在漫水河与猫耳山地区形成降雨中心，年均降水量达 700～760mm。多年平均水面蒸发量 1110mm。

系统所处区域属永定河、大清河水系。永定河是海河水系五大支流之一，由洋河、妫水河、桑干河等支流汇合而成。在官厅水库以下流入北京地区，穿过永定河山峡到三家店附近流入京西平原。其多年平均流量 41.25m³/s，据三家店水文站记录，1939 年汛期最大洪峰流量达 4665m³/s，一次洪峰总量达 12.13 亿 m³，占该年总径流量 34%。最小流量发生在 1937 年 5 月，为 0.1m³/s。自官厅水库 1958 年建成后，使得永定河上游雁翅和三家店拦河闸的地表径流量受官厅水库放水制约。雁翅断面位于三家店断面的上游，雁翅断面常年有水，且流量均在 1～4m³/s，而三家店处永定河总流量为三家店断面（进水闸）和三家店断面（二）两个断面的流量之和。流量监测数据表明永定河在三家店的流量一般较小，大多数时间小于 0.2m³/s，甚至在枯水季节出现断流，说明永定河在雁翅断面和三家店断面（进水闸）存在水量损失。永定河在两个断面之间经过奥陶系灰岩裸露山区，损失的河水是由河流下渗补给给岩溶地下水造成的。西山永定河河流断面流量动态变化图见图 2-6。

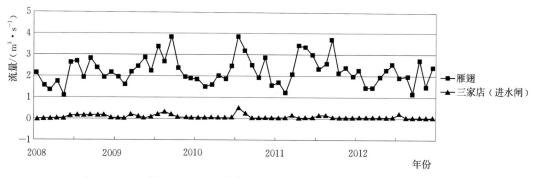

图 2-6　西山永定河河流断面流量动态变化图

拒马河发源于河北省涞源县，从十渡镇大沙地村流入北京市界，至张坊以下分成南北两支，南支称南拒马河，入河北省易县境内；北支称北拒马河，过房山区张坊和大石窝镇后入河北省涿州市，沿途有南泉水河与北泉水河汇入。张坊水文站以上流域面积 4810km²，其中北京境内面积 433.8km²，河长 61km。据张坊水文站资料，多年平均（1961—2003 年）径流量 12.92m³/s，1980 年以前流量 19.15m³/s，1980 年后流量为 8.00m³/s，1998—2006 年平均径流量 3.02m³/s，2005—2006 年由于胜天渠引水，张坊站年均流量减少为 0.8m³/s。月平均流量变化较大，一般 7 月出现洪峰流量，可达 52m³/s，之后开始变小，直到第 2 年 6 月出现最小流量，仅 0.86m³/s。从 2001 年以来，河水流量稳定，汛期未出现明显洪峰流量。流域内仅在十渡镇建有西太平水库，总库容 12 万/m³。在拒马河的九渡村和六渡村、十渡的马鞍沟建设有橡胶坝；拒马河支流南泉水河的水头村和半壁店村、北泉水河的东甘池村也都建设拦水设施，拦蓄泉水，形成较大水面。拒马河上游河北境内紫荆关建有五一渠，引拒马河水入易县安各庄水库；在北京境内的西关上至张坊修建有胜天渠，主要在春季 4—6 月引拒马河水供张坊—大石窝地区灌溉之用，年引水量 689 万～1200 万 m³。2004 年以来则主要用于"张坊水源应急供水工程"引水，年引水量约 7000 万 m³。

大石河发源于北京市百花山东麓，自西向东流经本区北部的霞云岭地区，至坨里的辛开口村出山进入平原，转而向南流。坨里以上干流全长 90km，汇水面积 653km²。据漫水河水文站资料，多年平均径流量 0.988 亿 m³。在大石河黑龙关泉和河北镇之间，由于黑龙关泉和河北泉排泄量稳定，黑龙关以下河道内长年有水。流域内建设有多处水库，大石河上游霞云岭鸽子台水库总库容 180 万 m³，建设于岩溶地层上，为一漏库，到下游的河北镇建有多处橡胶坝拦蓄河水，出山后在房山城关以东建设丁家洼水库，总库容 110 万 m³；流域上游有史家营的大窑水库，在下游支流夹括河上建设有天开水库（总库容 1475 万 m³）和龙门口水库，因为天开水库建于岩溶地层上，渗漏严重，不蓄水，因此这两个水库多数时间处于无水状态，为拦洪水库。

2.5.1.2 地质概况

1. 地层

（1）长城系（Ch）：包括常州沟组（Chc）、串岭沟组（Chch）、团山子组（Cht）、大红峪组（Chd）和高于庄组（Chg）。

（2）蓟县系（Jx）：包括杨庄组（Jxy）、雾迷山组（Jxw）、洪水庄组（Jxh）和铁岭组（Jxt）。

（3）青白口系（Qn）：包括下马岭组（Qnx）、龙山组（Qnl）和景儿峪组（Qnj）。

（4）寒武系（∈）：包括昌平组（∈1c）。

（5）奥陶系（O）：包括下统冶里—亮甲山组（O1y+l）、中统马家沟组（O2m）。

（6）石炭系（C）：包括中统清水涧组（C2q）、上统灰峪组（C3h）。

（7）二叠系（P）：下统岔儿沟组（P1c）—阴山沟组（P1y）、上统红庙岭组（P2h）。

（8）三叠系（T），岩性为绿色、灰绿色及灰白色细砂质岩屑粉砂岩及含砂质板岩。

（9）侏罗系（J）：包括南大岭组（J1n）、窑坡组（J1y）、龙门—九龙山组（J2l－i）、髻髻山组（J3t）。

（10）白垩系（K）：分布于东部黄庄—高丽营断裂以东，上覆第三系。

（11）第三系（E2c、N1）：前者出露于大灰厂南，为长辛店砾岩；后者隐伏于黄庄—高丽营断裂东南侧平原区第四系下部的八里庄地区，属天坛组。

（12）第四系（Q）：广泛分布于山涧沟谷及广大平原区。

2. 地质构造

主要控制性断裂包括：①八宝山断裂；②黄庄—高丽营断裂。工作区处于阴山纬向构造带南缘，祁吕—贺兰山字形东翼反射弧构造带附近及新华夏构造带与延昌弧形构造东翼南缘的复合部位，受区内构造体系的综合作用及岩浆活动影响，构造形迹较为复杂。区内岩浆岩主要包括房山岩浆岩体（γ）、石门岩浆岩体（γ）、煌斑岩脉（χ）、中性岩脉。

2.5.2 岩溶水分区

2.5.2.1 岩溶水系统分区

本区岩溶水主要赋存于可溶性的碳酸盐岩地层中，根据可溶岩岩层分布、发育特征、水动力条件、地表分水岭、开发利用情况等因素，西山岩溶水系统是属于房山—昌平岩溶水一级系统的二级系统，西山岩溶水系统划分为十渡—长沟、鱼谷洞、黑龙关—磁家务、玉泉山—潭柘寺和沿河城 5 个三级岩溶水系统，见表 2-12。

表 2-12　　　　　　　　　　　岩 溶 水 系 统 划 分 表

一级岩溶水系统		二级岩溶水系统		三级岩溶水系统	
I	房山—昌平岩溶水系统	I₁	西山岩溶水系统	I₁₁	十渡—长沟岩溶水系统
				I₁₂	鱼谷洞岩溶水系统
				I₁₃	玉泉山—潭柘寺岩溶水系统
				I₁₄	黑龙关—磁家务岩溶水系统
				I₁₅	沿河城岩溶水系统

2.5.2.2　岩溶水类型分区

根据岩溶水的出露和埋藏条件不同，可将岩溶水划分为 3 种类型。西山岩溶水系统以裸露型为主，只在东北部有埋藏型岩溶水分布，另有零星覆盖型岩溶水分布，见图 2-7。

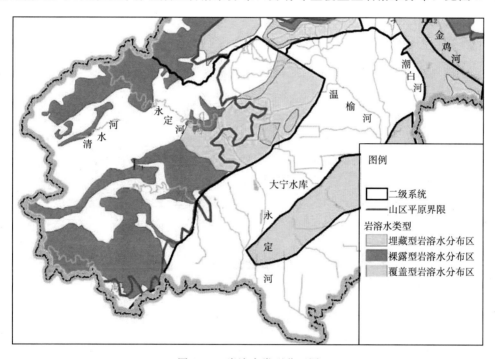

图 2-7　岩溶水类型分区图

2.5.2.3　岩溶含水组分区

基岩地下水的赋存以岩性为基础，北京地区岩溶含水岩组按地层岩性可分为五个大的含水岩组：长城系岩溶含水岩组、蓟县系岩溶含水岩组、寒武系岩溶含水岩组（含青白口景儿峪含水岩组）、奥陶系岩溶含水岩组（图 2-8）。

西山岩溶水系统分布有蓟县系岩溶水含水岩组、寒武系岩溶含水岩组（含青白口系景儿峪组岩溶水含水岩组）和奥陶系岩溶水含水岩组、零星分布长城系岩溶水含水岩组，见图 2-8。

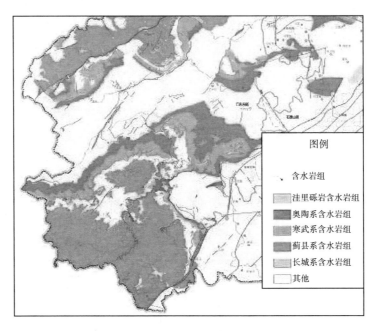

图2-8　岩溶含水岩组分区图

2.5.3　岩溶地下水概况

岩溶地下水分布在北京西部山区张坊、潭柘寺、沿河城、雁翅、军庄、四季青一带，西北以白羊石虎地表分水岭为界，北部至娘娘庙坨背斜轴部，东北界为南口断裂，东南边界为黄庄—高丽营断裂，南部边界为拒马河地表分水岭，西部边界北段以水峪尖地表分水岭为界，南段为镇厂河地表分水岭。该系统分为十渡—长沟、鱼谷洞、黑龙关—磁家务、玉泉山—潭柘寺和沿河城5个三级岩溶水系统。

2.5.3.1　主要含水岩组富水性

本系统内主要分布有蓟县系岩溶水含水岩组、寒武系岩溶含水岩组（含青白口系景儿峪组岩溶水含水岩组）和奥陶系岩溶水含水岩组，零星分布长城系岩溶含水岩组。区内蓟县系岩溶水含水岩组主要为雾迷山组岩溶含水岩组和铁岭组含水岩组，主要分布于房山区西南及贾峪口—北直河村地区，基本全部出露，面积为486.17km²；寒武系岩溶含水岩组主要出露于鱼斗泉—宝水—大安山、河北镇以北、北岭向斜两翼及门头沟妙峰山镇北部和西部，面积为192.20km²，埋藏于石炭二叠系之下，分布于石景山杨庄地区及海淀田村地区的寒武系岩溶含水岩组，面积为178.05km²，覆盖于海淀山后地区，面积为153.394km²；奥陶系岩溶水含水岩组分布范围与寒武系岩溶水含水岩组基本一致，裸露区面积为226.08km²，埋藏区面积为129.317km²，覆盖区面积为25.36km²，青白口系景儿峪组含水岩组主要分布于房山北部山区和房山中部大石河河道附近地区，裸露面积40.19km²，在石景山地区，以埋藏型为主，面积11.29km²；长城系岩溶含水岩组中高于庄组岩溶含水岩组，主要分布于后石门村西、广禄庄村南地区以及北岭向斜东部漫水河村，岩性主要以白云岩为主，主要以裸露型为主，面积2.91km²。

2.5.3.2 岩溶水补给、径流与排泄特征

1. 十渡—长沟岩溶水子系统

地下水补给以大气降水入渗为主,其次为河水渗漏和农田灌溉回渗补给。拒马河河水与地下水因地势不同,存在相互补排关系。在山区,三渡以上,地下水水位高于河水,地下水向河道排泄,以地表径流方式向下游排泄。在三渡至山前平原区,拒马河进入平原区,河床及两侧砂卵砾石堆积,河床抬高,河水位高于地下水,河水补给地下水。

地下水径流方向总体由西北向东南。受地形地貌、地质构造的控制,导致地下水径流方向在部分地区出现变化。张坊—马安村岩脉以西,地下水在山区接受补给后,向拒马河谷集中径流;岩脉以东地下水主要向南径流。

四渡—王老铺地表分水岭以西,地下水由北向南径流至拒马河谷进行排泄,有马安泉和西关上泉出露;四渡—王老铺地表分水岭以东,地下水整体上由西北向东南径流,但由于受地层、构造及岩体的影响局部又有所变化。北拒马河北岸西白岱村历史上曾有泉出露,说明这里是地下水集中排泄区。高庄村以南一带,沿东西方向分布的厚层汉白玉大理岩、砂岩与千枚岩形成弱透水层组,具相对隔水性,阻碍了地下水向南部的径流。

东部长沟地区,地下水开始由西北向东南径流,在遇到下马岭页岩后转而向南径流,形成甘池泉进行排泄。

地下水自然排泄方式有河谷基流、泉水和侧向径流。张坊以西,地下水由北向南径流并于拒马河谷形成河谷基流,另外在马安村、西关上、东关上、瓦井等地集中形成泉水;在白岱地区,大峪沟断裂向南延伸,成为地下水侧向径流的通道,西白岱村西雨季时会出现泉水;在石窝、长沟地区则集中以泉水形式进行排泄,有水头泉、高庄泉、甘池泉、大龙潭和小龙潭泉等。

本区人工开采地下水主要是供给村镇生活和农业用水。张坊应急水源地为区内最大的岩溶水水源地,现有水源井 60 眼,取水层为蓟县系雾迷山组(Jxw),2011 年开采量达 2690 万 m^3,是本区的主要排泄方式。

2. 鱼谷洞岩溶水子系统

该子系统属于拒马河流域,其含水岩组主要为寒武系和奥陶系灰岩,地下水主要接受大气降水补给,地下水径流方向基本上和地形坡度一致,由东向西径流。排泄方式以侧向径流为主,流出北京。

3. 玉泉山—潭柘寺岩溶水子系统

本区主要接受大气降水、地表水入渗补给及山前侧向补给。永定河在军庄-雁翅间奥陶系灰岩出露区以河曲形式流过,在军庄一带,奥陶系灰岩直接出露于河床,在永定河有水的情况下,河水补给地下水。

军庄—雁翅间灰岩岩溶裂隙接受大气降水和永定河补给后,由于九龙山—香峪向斜西北翼有大片花岗岩岩体且奥陶系灰岩埋深达千米,在地下水水头压力的作用下,一部分水流顺翼部向温泉、黑龙潭方向运动,另一部分水会通过灰岩入渗对山前平原进行补给,但补给量较小。一方面,越靠近香峪向斜核部其深部灰岩的岩溶裂隙发育程度及赋水性越差;另一方面,永定河张性断裂的存在,使得向斜西北翼灰岩地下水有了较好的导水通

道，永定河张性断裂东西延伸至八宝山断裂，地下水顺此通道汇流于八宝山断裂带并补给排泄区。

鲁家滩一带岩溶裂隙发育较好，大气降水入渗量较大，另外暴雨时一部分地表水顺刺猬河谷向东南汇集于山麓地带的羊圈头，并被八宝山断裂所截。因此，地表水和地下水均向山前的八宝山断裂带汇集并沿构造线向北东向运动。

本区岩溶水排泄途径主要包括人工开采、侧向径流等。目前，在八宝山断裂带及平原区建立有房山上万、丰台后甫营—梨园、北京市第三水厂、石景山杨庄水厂等岩溶水供水水源地。此外，该地区开凿了大量的零星岩溶水供水井。在西山杨庄水源地及第三水厂水源地，由于岩溶水开采量大，岩溶地下水的天然流场已经被改变，形成了以开采区为中心的降落漏斗。因此，人工开采是奥陶系岩溶裂隙水排泄的主要方式。另外，军庄—雁翅地区一部分水会沿着香峪向斜翼部向温泉、黑龙潭方向运动并最终向东北方向侧向流出。

4. 黑龙关—磁家务岩溶水子系统

该系统属于大石河流域，主要含水岩组为寒武系、奥陶系以及雾迷山系。区内地下水的补给以大气降水入渗补给为主。山区岩体出露，节理裂隙发育，降水入渗补给条件好。降水入渗补给地下水形成地下径流向低处汇流，遇隔水层后又出露形成泉。地下水流向总体与地形坡向一致，由西南向东北。大石河河水和地下水因地势不同，存在相互补排关系。

大石河在出山口，河床开阔，地势变缓，河水水位高于地下水，河水补给地下水。在山区，河流切割作用强，河床地势低洼，地下水位高于河水，地下水向大石河河道排泄。大石河背斜核部白云岩直接出露，两侧青白口系地层出露，基岩节理裂隙发育，大气降水入渗条件好，降水入渗补给形成地下水。地下水沿裂隙向下游径流，在大石河河谷地势低洼处出露形成泉，泉水流入河道；地下水流动过程中在白云岩与蓟县系洪水庄组、青白口系下马岭组页岩接触带形成泉，泉水沿沟谷向下游径流。

大石河背斜地区地下水总体沿北直河村向贾峪口村方向径流，随后沿大石河河谷汇流。

北岭向斜地区的寒武系、奥陶系含水岩组在山区接受补给后，地下水沿北岭向斜两翼向山前径流。北翼在北岭—河北镇一带寒武系灰岩接受大气降水入渗补给后，由北向南径流，在河北镇政府门前溢出成河北泉，在磁家务形成万佛堂泉。南翼在牛口峪形成马刨泉。

地下水的排泄方式主要包括泉和人工开采。其中地下水出露形成泉水和向河水的排泄均形成河水，河水在下游又入渗补给地下水，形成地下水和地表水循环补排关系。人工开采包括当地村镇生活、农业用水和集中水源地的开采。北部磁家务和401所水源地作为本区最大的水源地，其开采是本区地下水的主要排泄方式。

在北岭向斜北翼，地下水从南窖向河北镇径流，在磁家务一带汇集富水区；向斜南翼，地下水自西北山区向南部径流，在娄子水一带汇集形成富水区。其下游娄子水水源地和万佛堂水源地的人工开采成为其主要的排泄方式。

5. 沿河城岩溶水子系统

该区岩溶水的主要补给来源于大气降水入渗以及局部地段的沟谷洪水渗漏。山区裸露区接受补给后，沿裂隙溶洞及断裂破碎带以地下径流的形式向下游流动，地下水径流方向基本与地势一致。由北向南，由于本区大部分位于山区，地势高，是地下水的补给区，水位埋深大，地下水开发利用难度大，因此岩溶水开发利用程度低。地下水以泉和侧向径流形式向下游排泄。清水河流经本系统，南部寒武系、奥陶系岩溶水由南北两侧向清水汇集，并沿清水河流方向径流，上清水泉是天然排泄点，泉流量较稳定。

2.5.3.3　地下水动态特征

西山岩溶水系统包括十渡—长沟、鱼谷洞、黑龙关—磁家务、沿河城、玉泉山—潭柘寺5个岩溶水子系统。其中前4个子系统位于房山地区，玉泉山—潭柘寺子系统位于西山地区。

房山地区地下水位呈多年下降趋势，同时又具有年内波动特征。一般在丰水期过后1～2个月，地下水位均有一定幅度回升，根据地层不同，所处构造部位不同，回升的幅度有所差异，见图2-9、图2-10。

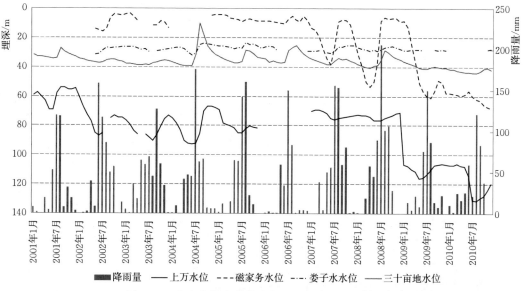

图2-9　房山北部岩溶裂隙水地下水水位动态曲线图

根据图2-9，岩溶裂隙水地下水位近10年来的变化可以划分为两个阶段：

（1）2001—2007年年初，水位呈缓慢下降，年内波动趋势比较明显。

（2）2007年至今，地下水水位呈快速下降趋势，年内波动趋势很不明显。

除娄子水监测孔地下水水位基本持平外，其他监测孔呈不同幅度的下降。水位下降最为迅速的是上万地区的地下水水位，近10年来下降了60m，年降幅达到了6m/a。其次是磁家务，10年间下降了55m，降幅达到了5.6m/a，三十亩地地下水水位年降幅达到了1.1m/a。

根据图2-10，张坊地区地下水水位主要受开采的影响。开采量加大，地下水下降就迅速；开采量减小，水位就回升。例如在2008年10月—2009年3月，开采量从200万～300万 m^3/d 减小到几十万 m^3/d 时，所有井的地下水水位回升10～20m。自2009年之后，水位呈快速下降，2011年5月，水位最低。水位的持续下降造成了地下水供水能力的下降，衰减量为20～100 m^3/h 不等，相比较之前供水能力，衰减率为10％～

64％不等。

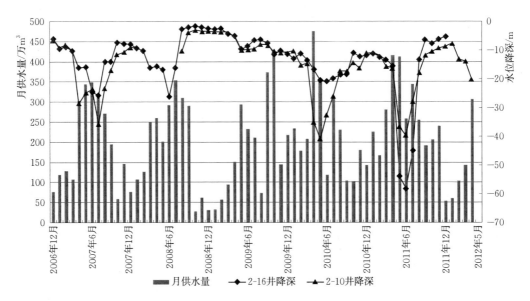

图 2-10　张坊应急水源地地下水水位动态曲线图

玉泉山—潭柘寺岩溶水系统岩溶水子系统水位标高总体上西高东低，如在王平镇西石古岩地下水位标高 139m，龙泉务地区地下水位标高 90m，而在海淀区玉泉山一带，地下水位标高为 25m。补给区的动态变化受大气降水的控制，年内呈周期性变化，其变化幅度较大，具有水位变化速度快的特点。不同降水年份间地下水水位的差异大。虽然在降水量小、开采量大的年份，地下水水位明显下降，但经过丰水年的补给后，地下水可以得到补充，水位有明显回升。地下水动态类型为入渗—开采型。径流排泄区地下水动态变化受补给量、补给途径和开采量的影响和控制，由于其补给量充足且补给途径较长，使得其年内、年际变化明显有别于补给区的变化规律，变化幅度小，地下水水位高低峰值的出现有明显的滞后现象。如玉泉山 189 井水位，1982 年以后，地下水水位出现缓慢下降趋势，而到了 1994 年后，由于几年的连续丰水年，地下水得到充足的补给，地下水水位很快回升，玉泉山周围水井出现自流情况；自 1999 年之后，由于连年干旱，地下水开采量增加，地下水位持续下降了近 15m，见图 2-11。该系统的地下水水位多年变化幅度在补给区大、排泄区小，在开采条件下，地下水水位出现下降，但当有充足的大气降水补给时，地下水水位又很快回升，水位动态保持平衡波动状态，岩溶水具有较强的调蓄能力，说明本地区是一个多年调节型的岩溶裂隙地下水水库。

2.5.3.4 岩溶水化学特征

房山霞云岭北部岩溶水化学类型普遍为 $HCO_3 \cdot SO_4 - Ca \cdot Mg$。黑龙关地区主要为岩溶水补给区，水化学类型主要为 $HCO_3 \cdot SO_4 - Ca \cdot Mg$，北车营、鲁家滩一带水质较好，水化学类型为 $HCO_3 - Ca（Ca \cdot Mg）$。霞云岭以南十渡—长沟地区水化学类型主要为 $HCO_3 - Ca \cdot Mg$，在东部、南部山前排泄区，尤其是周口店地区，地下水中阴阳离子复杂，出现 $HCO_3 \cdot SO_4 \cdot Cl - Ca \cdot Na$ 型岩溶水。

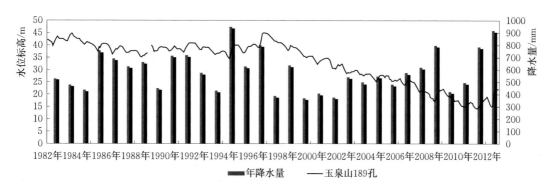

图 2-11　玉泉山地下水水位动态曲线图

玉泉山—潭柘寺山前子系统，在补给区军庄—鲁家滩一带地下水化学类型主要为 $HCO_3 \cdot SO_4 - Ca \cdot Mg$，鲁家滩存在 $HCO_3 - Ca$ 型。岩溶水 pH 值为 $6.85 \sim 7.87$，总硬度为 $133 \sim 1052mg/L$，溶解性总固体为 $288 \sim 1475mg/L$。

军庄地区岩溶水 pH 值为 $7.17 \sim 7.7$，总硬度为 $147 \sim 487mg/L$，溶解性总固体为 $288 \sim 939mg/L$。地下水化学类型主要为 $HCO_3 \cdot SO_4 - Ca \cdot Na$（$Ca \cdot Na \cdot Mg$）。受地表水入渗的影响，存在 $HCO_3 \cdot Cl \cdot SO_4 - Ca \cdot Na \cdot Mg$ 型水。

地下水向东、东南方向径流、排泄，东南翼玉泉山地区为排泄区。地下水类型过渡为 $HCO_3 - Ca \cdot Mg$。Na^+ 及 SO_4^{2-} 随着渗流途径的延长，含量逐渐增加。在石景山区受地下水开采及人类生活、工业影响较大，基岩地下水阴、阳离子相对复杂，地下水类型为 $HCO_3 - Ca \cdot Mg \cdot Na$、$HCO_3 \cdot SO_4 - Ca \cdot Mg$。

东北部山前地区，为地温异常区，地下热水温度为 $22.1 \sim 24.6℃$。地下水类型主要为 $HCO_3 \cdot SO_4 - Na \cdot Ca$（$Na \cdot Ca \cdot Mg$）。

房山地区主要阴阳离子以及溶解性总固体、总硬度的含量都呈现出由北部山区向东南山前地区逐渐降低的趋势，北部山区溶解性总固体 $<400mg/L$、总硬度 $<250mg/L$，最大值主要集中在周口店地区，溶解性总固体 $>800mg/L$、总硬度 $>450mg/L$。

玉泉山—潭柘寺系统溶解性总固体的变化规律也十分明显：鲁家滩补给区浓度较低，反映出降水补给的特征。受地表水入渗补给的影响，军庄地区溶解性总固体、总硬度含量高，溶解性总固体 $>650mg/L$、总硬度 $>350mg/L$，硫酸盐、硝酸盐、Na^+、Ca^{2+} 等主要离子在这一区域含量最高，氯化物的高值区位于军庄地区，随着地下水的径流，离子浓度有降低趋势，进入排泄区，首钢地区、海淀四季青地区溶解性总固体 $>500mg/L$、总硬度 $>300mg/L$，又略有升高趋势。补给区向排泄区，阳离子 Na^+、Mg^{2+} 含量明显增加，SO_4^{2-} 离子含量随着地下水流动，在径流区减少，向排泄区又略有升高。地热异常区，Na^+、Mg^{2+} 离子含量升高较大。

2.5.4　监测网评价与需求分析

2.5.4.1　监测网现状

1. 降水、地表水监测概况

北京市水务部门的降水量监测网建于 1949 年以前，监测站点覆盖全市，目前长系列站点总数为 121 个。全市已建成 61 个水文站，监测项目包括河道水位、流量、水面蒸发量等。目前在建的中小河流站网也已经初具规模，监测站的建设将更加精细掌握地表水动态。

2．岩溶水监测现状

（1）岩溶水水位监测网现状。西山岩溶水系统地勘部门现有 4 眼岩溶地下水位监测井。北京市水务部门 2008 年开始布设岩溶地下水水位监测井，一般借用生产或生活井，由于受实际条件限制，目前实际取得观测数据监测井仅 1 眼。

（2）岩溶水水质监测网现状。西山岩溶水系地勘部门现有 5 眼岩溶地下水质专用监测井。

北京市水务部门 2006 年开始布设岩溶地下水水质监测井，一般借用生产或生活用井，目前取得水样监测井 10 眼。

（3）岩溶水开采量监测网现状。开采量数据现状大部分以逐级统计汇总方式获取，在水源地实现逐井监测开采量，水务和地勘部门均未设置专门监测站。

（4）泉水监测网现状。泉水常规监测站水务和地勘部门均未设置，只是在调查研究项目中开展过泉水流量监测工作。

3．国家地下水监测工程岩溶水监测网

国家地下水监测工程是水利部、国土资源部共同编制、联合上报的由国家审批的大型建设项目。2010 年 11 月国家发改委正式批复了项目建议书。2012 年 8 月两部将可研报告报送国家发改委，2014 年 7 月可研获得批复，工程正在实施。

国家地下水监测工程所规划监测站点大部分位于平原区，主要监测第四系孔隙含水层，岩溶水监测站点在北京市只有 21 个，其中西山岩溶水系统 5 个。同一岩溶水监测站监测项目包括水位和水质。

2.5.4.2　监测体系评价

为实现以水资源的可持续利用支撑首都经济社会可持续发展目标，西山岩溶水系统内陆续建立了各类监测网，取得较翔实的降水、地表水、地下水、水环境等相关资料，为掌握各类水资源要素的时空变化规律打下了坚实基础，为开展水资源的调查研究和评价提供了良好保障。

尽管现状监测网辅以区域试验研究成果，使岩溶水监测资料在一定范围、一定程度满足了一定需要，然而各类监测网发展不均衡，岩溶水监测工作作为岩溶水开发管理与保护的重要基础还相对薄弱，岩溶水监测体系还不健全。由于受投资限制，尽管国家地下水监测工程将在本系统布设 5 个岩溶水监测站，同时监测水位和水质，但仍无法满足岩溶水科学开发利用、保护与管理需求。现状监测网主要存在问题如下：

1．缺乏科学、系统的岩溶水监测体系规划

根据岩溶水开发利用现状与存在问题，岩溶水监测缺乏部门间、开发利用区与具有开采潜力区、岩溶水与地表水、第四系地下水监测的统一协调考虑，没有进行系统规划。

2．监测网布局欠合理

（1）受开发利用条件影响，加之岩溶水监测研究经费等条件限制，岩溶水监测站点大部分在岩溶水径流排泄区，补给区监测站几乎空白。

（2）根据岩溶水分散与集中兼有且分散开采量占总开采量比例近 60％的开发利用布局，现有监测井在乡镇分散和水源地集中开采区，监测站点数量及布局与岩溶水开发利用及保护对监测体系需求存在尖锐矛盾。

（3）在河流相关区段两侧，在山前岩溶水分布区、重要水源地、地下水子系统边界两侧、主要断裂两侧站点密度低或站网空白。

（4）各岩溶水系统间站网布局也不均衡，以水位监测网为例，尽管西山岩溶水系统有监测站，但站点稀少，监测条件较差。

（5）各子系统中平均监测网密度为 1 站/$10^3 km^2$，只有规范低限 3 站/$10^3 km^2$ 的 1/3。

3. 监测网监测层位不清、监测层位不全

水务系统现有岩溶水监测网是 2008 年布设的，基本采用生产井或生活井，大部分井监测层位不清。

地勘部门的监测站监测层位尽管清楚，但由于监测站点少，不能覆盖主要开发利用目标含水岩组（表 2－13）。系统内尽管有少量监测站点，但蓟县系铁岭组白云岩、寒武系含水岩组监测网为空白，对于常规岩溶水资源评价所需的绘制区域主要岩溶水含水岩组等水位线图、控制区域流场以及岩溶水系统补径排规律研究等，现状监测井均无法满足。

表 2－13　　　　西山岩溶水系统（地勘）现状监测含水岩组统计表

主要开发利用含水岩组	现状站数	现状主要监测含水岩组	缺乏监测站含水岩组
蓟县系雾迷山组、铁岭组白云岩、奥陶系、寒武系	4	蓟县系雾迷山组、奥陶系	蓟县系铁岭组白云岩、寒武系

4. 信息采集及传输方式落后

目前监测水位工具为测绳或电线，因变形、老化等原因，影响测试精度。监测井数据上报基本为信函和电话结合的方式，通信方式落后，严重影响时效性。

5. 监测资料准确性、可靠性与连续性有待提高

由于生产、生活井抽水不利于地下水水位观测，取得的地下水水位观测数据经常为动水位，在大量抽水时期只能停止观测，影响数据准确性与连续性。同时岩溶水一般埋藏较深，人工监测难度较大，也影响到监测数据的准确性。

2.5.4.3　监测需求分析

根据监测网评价，针对岩溶水监测网现状及存在问题，结合岩溶水资源评价、勘查开发、保护与研究的发展要求，从监测网布局需补充监测点、监测层位需完善以及提高为岩溶水资源管理与研究提供监测服务能力出发，确定岩溶水监测体系规划需求。

1. 完善监测网布局

由于监测井一般借用开采井，多数位于排泄区，监测点大部分在山前，因此应在补给、径流区（大部分在中深山区）增加监测站点，在排泄区完善监测站点；在岩溶水分散和集中开采区（分散开采区大部分在中深山区）需全面统筹布设监测井，以解决岩溶水开

发利用及保护与现状监测站点布局存在的矛盾；在监测点缺乏的河流相关区段两侧，山前岩溶水分布区、重要水源地、地下水子系统边界两侧需增加站点密度或补充监测站点；增加监测站点密度，完善站网布局。

2. 丰富主要监测层位

根据监测网评价中监测层位存在的问题，为满足常规岩溶水资源评价所需的绘制区域主要岩溶水含水岩组等水位线图、控制区域流场以及岩溶水系统补径排规律研究等需求，并充分考虑主要开发利用含水岩组分布，对于所欠缺的主要开发利用含水岩组，包括蓟县系铁岭组白云岩、寒武系，补充相关含水岩组的监测站点。

3. 为岩溶水资源评价、管理与保护提供基础支撑

岩溶水资源量的评价方法多采用均衡法，其中最关键的是参数的分区和取值问题，而解决这些问题目前缺乏长期科学的监测资料。如永定河雁翅—三家店区间，无成对岩溶水监测站点，严重影响岩溶水资源评价中地表水体补给量计算精度，影响山区地下水排泄量和平原区地下水补给量计算精度，迫切需要加强岩溶水监测体系规划，为提高岩溶水资源计算精度奠定必要基础。

岩溶水利用与保护迫切需要岩溶水监测体系的完善。2008 年 6 月开展的平原区地下水污染调查中在娄子水—新街一带的岩溶水井中已经出现了 IV 类水质点，岩溶水动态监测数据，特别是水质监测数据是及时发现问题，制定应对策略的不可替代依据。

4. 为岩溶水资源研究提供科学监测体系

岩溶水监测是岩溶发育规律研究的重要基础。由于气候条件、岩性等差异性，北京岩溶水开发应特别注意岩溶发育规律的研究。例如前人在对西山地区大量的裂隙和岩溶实测数据统计分析基础上，建立了北京西山碳酸盐岩的裂隙网络模型，认为岩溶发育和分布的基本格局与裂隙网络模式具有一致性，裂隙网络最大连通度的方向为岩溶发育的主要方向由此得出在三组控制性裂隙彼此相互交切的情形下，地下水的最大水力梯度（流向）与裂隙网络最大连通度方向一致。岩溶水监测资料是这些统计分析的重要基础，只有建立严密的岩溶水监测体系，才能不断修正模型，使其更加符合实际、更加科学。

5. 提高监测资料连续性与可靠性

目前岩溶水人工监测手段和数据传输方式落后，监测数据准确性、连续性与时效性已经制约了岩溶水监测工作为各种需求的高水平服务，也与地下水精细化管理的现状不相适应。迫切需要建设自动监测系统以替代传统的人工监测方式，解决监测资料准确性、可靠性、连续性及时效性较差问题。

2.5.5 规划总则、规划方法与监测重点

2.5.5.1 规划总则

1. 规划范围与水平年

（1）规划范围。根据岩溶水勘查评价项目勘查范围，监测体系建设规划总体范围确定在西山岩溶水系统，其中包括十渡—长沟、鱼谷洞、黑龙关—磁家务、玉泉山—潭柘寺和沿河城 5 个岩溶水三级子系统，面积 $3592 km^2$。

根据监测为岩溶水合理开发利用及有效保护服务的目标，监测体系规划将结合岩溶水勘查研究程度，考虑专门监测井投资、建设难度大以及监测井建设可行性，监测规划重点为开发利用重要靶区和具有开发利用潜力地区。

（2）规划水平年。根据岩溶水监测现状及岩溶水勘探研究实际，规划基准年确定为2010年，考虑岩溶水勘查研究基础比较薄弱，部分资料将应用最新勘查研究成果；同时考虑受经济社会发展水平对资金投入力度影响，规划水平年近期为2020年，远期为2030年。

各类站网布局、监测层位、监测频率规划主要针对近期水平年2020年，监测方式规划分近期水平年2020年和远期水平年2030年。

2. 规划目标

根据岩溶水勘查研究最新资料，结合降水、地表水、第四系地下水监测资料，开展岩溶水水位、水质、开采量及泉水监测规划，构建突出为岩溶水资源开发利用与保护服务的岩溶水监测体系，提高为保障首都供水安全提供监测信息服务的能力。

3. 规划原则与依据

（1）规划原则。在充分考虑岩溶水是北京市战略储备水源，及岩溶水在某些重点区域、对于某些重点单位，以及在与平原区地下水开采布局合理配置需求中的重要地位无可替代的实际，结合岩溶水监测站网评价、需求分析，参照相关规范等确定规划原则。

1）既考虑为岩溶水开发利用与保护服务的需求，又考虑监测实施经济、技术等可行性，将长期监测与短期研究相结合、人工监测与自动监测相结合，水位、水质监测网相结合，并遵循不断完善的原则。

2）监测网布设与岩溶水分布区紧密结合，重点区域（现有水源地及规划水源地）适当加密相结合，同时根据最新勘探研究成果所揭示岩溶水分布区域水文地质条件，充分考虑补给、径流、排泄区监测网的合理布设。

3）区域岩溶水开发利用程度与开发利用潜力相结合，并考虑岩溶水勘查研究需求，确定监测体系规划重点目标含水岩组。

4）以规划监测网为框架，首先在现有站点中，优先选择位置、监测层位满足需求的监测站点纳入规划监测网，尽可能保持资料的延续性，在继承的基础上合理布设新的监测网；其次考虑国家地下水监测工程及勘探研究项目所建探采结合井，避免重复建设。

5）参照GB/T 51040—2014、DZ/T 0133—1994、SL 183—2005要求，实现监测网的分级（国家、省级）布设，更好保障监测网布局的协调性。

（2）编制依据。

1）《供水水文地质勘察规范》（GB 50027—2001）。

2）《区域水文地质工程地质环境地质综合勘查规范》（GB/T 14158—1993）。

3）《地下水监测工程技术规范》（GB/T 51040—2014）。

4）《地下水监测规范》（SL 183—2005）。

5）《地下水动态监测规程》（DZ/T 0133—1994）。

6)《地下水质量标准》(GB/T 14848—1993)。

7)《地下水环境监测技术规范》(HJ/T 164—2004)。

8)《河流流量测验规范》(GB 50179—1993)。

9)岩溶水勘查评价最新成果。

2.5.5.2 规划方法选择

在最新的岩溶水勘查研究资料及降水、地表水、第四系地下水监测资料基础上,根据岩溶水分布区主要含水岩组性质、水动力条件,结合岩溶水分布区开发利用现状、具有开采潜力的岩溶水分布区实际及与岩溶水补排关系明显的第四系地下水监测现状,同时考虑国家地下水监测工程站网布局,以地下水水位、水质、开采量及泉水为规划监测维度,参照 GB/T 51040—2014、SL 183—2005、DZ/T 0133—1994、HJ/T 164—2004,将文献研究、调查及描述性研究等科学方法加以有机结合,构建岩溶水监测体系。岩溶水监测体系规划方法框架见图 2-12。

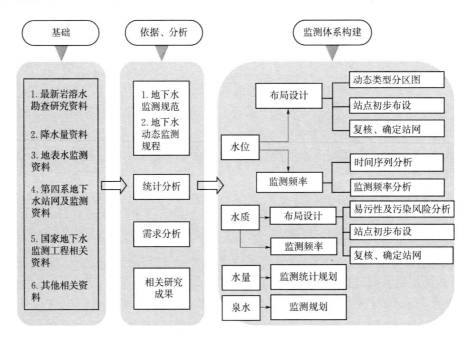

图 2-12 岩溶水监测体系规划方法框架图

1.地下水水位监测网规划方法选择

(1)水位监测网布局规划。根据西山岩溶水系统监测现状、区域水文地质条件与岩溶水开发利用特征,结合监测重点,首先应用地下水动态类型编图法进行水位监测网布局的初步设计,再利用相关规范与国际监测现状结合法复核初步设计,必要时对监测网布局做适当微调,从而确定区域水位监测网布局规划。

1)地下水动态类型编图法。绘制水文地质单元分区图、补给过程分区图、影响因素分区图、地下水动态类型分区图。在此基础上,还需要满足以下条件:

a.垂直水文地质边界设计一对监测孔,用以计算边界的流入量和流出量。

b. 垂直河流、湖泊或水库设计一对监测孔,用以计算水量交换,在边界较长时,适当增加成对监测站。

c. 在多层含水层安装监测组孔监测分层地下水水位,用以计算垂向水量交换。

d. 监测孔应尽可能远离开采井,以消除开采造成的短期影响。

2)根据相关规范布设监测网。GB/T 51040—2014、SL 183—2005 中山区代表区布设,按照中等开采程度,站网密度 4～10 站/$10^3 km^2$,DZ/T 0133—1994 中地下水供水程度 50％～80％,省(自治区、直辖市)级水文地质条件复杂条件,站网密度 3.0～3.8 站/$10^3 km^2$,实际规划中将按照两个规范的高限设置监测网。在此基础上,结合区域岩溶水开发利用实际,在重点区域适当加密布设监测站点。

(2)监测频率规划。监测频率规划包括时间序列与统计检验法、相关规范与现状监测频率结合法。

1)时间序列分析与统计检验法。根据文献分析与调研,国际上在实践中应用的且比较先进的地下水监测频率设计方法为,依据时间序列分析与统计检验,并将监测频率与监测目的用统计参数结合起来确定监测频率。该方法有专文论述,且在中荷地下水研究项目中已有应用。

在实际工作中,首先选择有代表性的长期监测孔,进行时间序列分析以确定地下水水位时间序列是否含有趋势项、周期项以及随机成分,在此基础上进行频率分析。趋势分析的主要目标是:探测趋势(f_T)、确定周期波动(f_P)以及估计随机成分(f_M)。测频率为 $f = max(f_T、f_P、f_M)$。实际工作中利用 FREQ 应用软件辅助进行频率设计。

2)相关规范与现状监测频率结合法。与监测频率设计相关的权威规范主要包括 GB/T 51040—2014、DZ/T 0133—1994、SL 183—2005。DZ/T 0133—1994 中规定国家级城市监测点每月 6 次,GB/T 51040—2014、SL 183—2005 中规定基本一致,人工监测频率 5 日 1 次,自动监测频率 4 小时 1 次。

水位监测频率确定。实际规划工作中,根据站网设计实际及软件使用情况,选择频率设计方法。在监测频率初步设计基础上,参照 GB/T 51040—2014、DZ/T 0133—1994、SL 183—2005 的技术要求确定水位监测频率。

2. 地下水水质监测网规划方法选择

在地下水易污性评价、地下水污染源调查与污染风险评价基础上,根据规划原则,基于以下思路设计水质监测网:①基于地下水水质现状监测网点及历史监测情况;②根据易污性分析;③基于地下水污染源分布;④加强城市水源地的水质监测;⑤控制不同岩性含水层水质情况,每层均应有监测点监测;⑥在有争议地区,如有争议岩溶水边界两侧、性质不明断层两侧,均应布设监测点,配合地下水位监测点,研究其两侧之间的水力联系;⑦在岩溶水主要分布区南北及东西向形成联合剖面;⑧地下水水质与地表水水质之间在地表水渗漏地区有一定联系,布设地表水与地下水联合监测点;⑨在有第四系覆盖区,同时监测第四系水质与岩溶水水质。

在水质监测网初步设计基础上,参照 GB/T 51040—2014、DZ/T 0133—1994、SL 183—2005、HJ/T 164—2004 的技术要求的高限确定水质监测网布局与监测频率。

3.地下水水量监测统计规划方法选择

根据西山岩溶水系统的开采特征与开采量统计管理现状，岩溶水开采一般为集中供水水源地，岩溶井的开采量基本全部监测，新增的开采井一般供生活用水，开采量也是被计量的，因此，不需要规划专门监测网。但应加强岩溶水开采量的计量与统计工作。

（1）加强监测管理。必须用标准计量设备监测开采量，加强计量设施的维护工作，及时更换损坏计量设施，保证岩溶水开采量监测的准确性。根据岩溶水开发利用特点制定相关计量规章。

（2）加强调查统计。目前一般以行政区为单位统计开采量，而岩溶水的利用保护与研究需要按照岩溶水系统的分布区域、目标含水层等进行统计。为了更好服务于岩溶水科学开发、利用与保护，在已有岩溶水开采量监测模式下，需加强岩溶水开采量的分区、分层统计。具体可按照岩溶水系统和其他区域统计，并按照每个系统的主要目标含水层统计，比如蓟县系雾迷山组等。初步设想为，在调查统计规划基础上，辅以统计表格形式体现规划。

4.泉水监测网规划方法选择

（1）西山岩溶水系泉水概况。泉水是含水地层排泄地下水的主要方式之一，在相同气象水文条件下，含水地层的特征与泉水流量、水质有着密切关系。根据含水地层的类别和性质、地下水的赋存条件，分为碳酸盐岩裂隙岩溶含水岩组、碎屑岩裂隙含水岩组和侵入岩裂隙含水岩组等含水岩组。根据相关资料，这些含水岩组中，碳酸盐岩裂隙岩溶含水岩组地下水蕴藏相对比较丰富，其形成流量大于 10L/s 泉水比例占所有泉水的 70% 左右。

《北京泉志》根据泉水流量、调查资料翔实程度、泉水的文化价值等将泉水分为两类，全市共有一类泉 32 个，其中西山岩溶水系统共有岩溶一类泉 11 处。

（2）泉水监测网规划。根据泉水相关含水岩组富水性特征、泉水类别及其与岩溶水分布区关系，参照相关规范，在各岩溶水系统的主要构造富水带，选取岩溶一类泉中的重点泉，布设监测点加以控制。并根据泉水量大小，参照相关规范确定监测频次。

2.5.5.3 区域监测重点

根据区域自然地理概况、地质与水文地质条件、岩溶水资源开发利用特征，分析区域监测环境与条件，确定区域监测重点。

1.十渡—长沟、鱼谷洞、黑龙关—磁家务、沿河城岩溶水三级系统

区内规模以上水源地张坊、娄子水、上万和磁家务水厂开发利用程度高，是监测体系建设规划的重点研究区域之一；在本区域西部、西南部的中深山区，岩溶水分散开采比较广泛，也是需要关注的监测区域。

根据水文地质条件，区内岩溶类型主要为山区裸露型和埋藏型，主要开发利用目标含水岩组是蓟县系雾迷山组、寒武系、奥陶系，也是监测体系规划的重点含水岩组。蓟县系雾迷山组碳酸盐岩含水岩组主要分布区域为西南侧的蒲洼—十渡—长沟区域、霞云岭北侧的大石河流域。寒武系和奥陶系灰岩含水岩组主要分布在周口店与磁家务地区花岗岩体两侧，边界为区域西南侧的青白口系和东侧的八宝山断裂。蓟县系雾迷山组、寒武系、奥陶系分布区是监测体系规划的重点区域。

区域内泉水分布较广，主要包括万佛堂泉、马刨泉、河北泉、黑龙关泉、甘池泉群、

马鞍泉、高庄和下营泉群、上清水泉一类泉，应加强对泉水的监测规划。区内河流主要包括大石河和拒马河，河流两侧也是重点监测区域。

　　2. 玉泉山—潭柘寺岩溶水三级系统

　　东部区域北东东向九龙山—香峪向斜构成了岩溶水分布区的主体，南部受八宝山阻水断裂影响，岩溶地下水在水力坡度的作用下由西南向东北径流。区内岩溶地下水开发利用程度极高，已建设的规模以上水源地石景山水厂、市第三水厂，是监测体系规划重点研究区域；西部及西南部的中深山区是岩溶水分散开采区域，同样需要关注监测站点设置。区内岩溶类型包括山区裸露型、埋藏型和覆盖型，主要开发利用目标含水岩组包括奥陶系、寒武系，是岩溶水监测规划的重点含水岩组。

　　永定河流经西山奥陶系灰岩裸露区，在雁翅—三家店区间河水对岩溶地下水补给作用较强烈，此区域也是岩溶水监测规划重点。区内的岩溶一类泉玉泉山泉、黑龙潭泉同样是规划监测重点。

2.5.6　监测体系规划

　　根据规划原则、依据，利用已经确定的规划方法开展监测网规划。规划过程中还将考虑协调监测站分级、岩溶水监测网与第四系监测网关系，并注重体现避免重复、继承发展的规划原则，在规划监测框架下，实现各类监测站点的统筹部署。

　　结合国家地下水监测工程岩溶水监测网设计，规划将立足省级，并兼顾国家监测工程中岩溶水水位、水质监测网，即在规划过程中将国家监测工程中北京市岩溶水监测站作为国家级监测站，全部纳入此次监测体系规划。根据国家地下水监测工程第四系监测网布局，可以满足监测研究岩溶水与第四系地下水联系的要求，此次规划中也不涉及第四系地下水监测网。以体现"协调各类站网并避免重复"的规划原则。

　　根据"在继承的基础上合理布设新的监测网"的规划原则，在各类监测网布局设计中将优先选用符合需求的现状站点，根据保持资料连续性原则，新增规划站点位置基本同现状长观井位（非专用监测井）。

　　岩溶水勘查研究项目中的探采结合井，绝大部分位于具有开发利用潜力岩溶水分布区，即将来的重点水源地，因此将探采结合井全部纳入水位监测网，以体现重点水源地加密布设监测站点的原则。

　　由于岩溶水分布的极不均匀特性，加之山区地形复杂，为了尽可能提高监测井位置在规划实施阶段的可行性，在水位和水质监测井位具体确定时，按照不同岩溶水系统地层、地质构造及含水岩组性质，考虑岩溶水系统主要含水岩组，充分参考相关区域已有岩溶水生活或生产井位置。

2.5.6.1　水位监测规划

　　1. 布局规划

　　（1）生成动态类型分区图。第一，在两个岩溶水系统，依据水文地质条件，由地质构造图和含水岩组等要素叠加生成岩溶水子系统图；第二，由地层岩性、水系和岩溶水与孔隙水互补叠成补给过程分区图；第三，将水源地、河流、水库等分布因素进行综合，形成影响因素分区图；第四，水文地质单元分区图、补给过程分区图和影响因素分区、图进行逻辑叠加，最终生成地下水动态类型分区图。

（2）监测站初步布设。在西山岩溶水系统每个动态类型分区中至少布设一个地下水水位监测站以监测不同类型地下水时空变化规律；监测还满足在十渡—长沟、鱼谷洞、黑龙关—磁家务两两垂直岩溶水三级子系统边界，在黑龙关—磁家务、沿河城、玉泉山—潭柘寺两两垂直岩溶水子系统边界各布设成对监测站，在沿河城、玉泉山—潭柘寺及相邻的昌平岩溶水系统三级子系统高崖口、十三陵—桃峪口两两垂直子系统边界布设成对监测站；在拒马河、大石河、永定河相关河段两侧各布设成对监测站，特别是在永定河雁翅—三家店间河道两侧尽可能布设成对监测站；八宝山断裂、永定河断裂的相关区段两侧各设立成对监测站（布设成对监测站时，受山区地形影响，可能不完全对称）；在垂直系统边界、垂直河流、垂直断裂布设成对监测站时，协调各类对象，力争用最少的站点同时实现多个相关监测目标，如永定河、永定河断裂两侧布设的一对监测站西辛房和西老店，满足了既监测河流两侧又监测断裂两侧岩溶水动态；在西山岩溶水系统的东侧、东南侧孔隙水和岩溶水分布区边界沿线设置监测站；在乡镇分散开采区，主要包括沿河城岩溶水子系统和鱼谷洞岩溶水子系统，及其他3个子系统的中深山区，监测站点位置尽量与分散开采井协调；在集中开采区，包括市第三水厂、张坊、磁家务、娄子水、长沟、石景山水厂附近加密布设监测站。

（3）复核、微调监测网布局。西山岩溶水系统初步布设地下水水位监测站点84个，平均站网密度23站/10^3km^2，其中国家地下水监测工程站点5个，探采结合站点17个，规划新增监测站点58个，现状监测站点4个。顺平岩溶水系统共布设地下水水位监测站33个，平均站网密度25站/10^3km^2，其中国家地下水监测工程站点6个，探采结合井6个，规划新增监测站21个，无可利用的现状监测站。

监测站网布设与岩溶水分布区密切相关，由于岩溶水分布的极不均匀特性，站网分布相应呈不均匀性，在初步布设地下水水位监测站点基础上，参照DZ/T 0133—1994中站网密度3.0～3.8站/10^3km^2，GB/T 51040—2014、GL/T 183—2005站网密度4～10站/10^3km^2复核，平均站网密度完全满足规范要求；对比国外相关国家，大于英国站网密度12站/10^3km^2，小于荷兰站网密度107站/10^3km^2。

（4）水位监测网布局确定。根据各岩溶水系统水位监测网布局设计，规划共布设地下水位监测站84个，其中十渡—长沟子系统19个、鱼谷洞子系统1个、黑龙关—磁家务14个、玉泉山—潭柘寺子系统40个、沿河城子系统10个。站点分布见图2-13。

监测站组成分类为国家地下水监测工程监测站5个，岩溶水勘探研究探采结合监测站17个，规划新增监测站58个，利用现状监测站4个。各类站点中，新增规划站点比例为69%，现状可利用站点比例仅占6%，说明岩溶水监测工作的基础非常薄弱，监测体系建设规划工作必须加强。

2. 监测层位确定

岩溶水监测层位确定，除考虑现状开发利用的监测需求及相关研究需求，还考虑充分利用投资，遵循监测主要为岩溶水资源开发利用与保护服务原则。首先将岩溶水监测层位

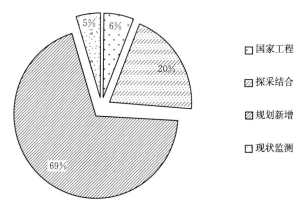

图 2 - 13　岩溶水地下水位监测站各类站点分布图

确定为现状及具有潜力的开发利用目标含水岩组，包括蓟县系雾迷山组、寒武系、奥陶系含水岩组等；第二，根据岩溶水最新研究进展，结合岩溶水系统边界确定、资源计算、补给条件及循环深度、岩溶发育规律研究及地质灾害预防等岩溶水研究相关监测需求，适当补充其他监测含水岩组。西山岩溶水系统主要开发利用目标含水岩组的监测站点占总体监测站点比例达到89％（表 2 - 14）。

表 2 - 14　　　　　　　规划岩溶水水位监测站点按含水岩组统计表

岩溶水系统名称		小计	含水岩组						主要含水岩组规划井比例
一级	二级		Jxw	Jxt	Qn	∈	O	其他	
房山—昌平	西山	84	27	2	5	13	28	9	0.89

3. 监测频率规划

根据现状监测站网实际，在有限的岩溶水监测资料中尽可能选取较适宜进行时间序列分析的监测数据，进行监测频率设计，在此基础上参照相关规范确定监测频率。

（1）时间序列分析。根据频率设计方法，应选择监测条件较好且监测系列较长的监测井，由于岩溶水监测井较少，特别是长系列监测井挑选就更加困难，只确定了海淀玉泉山562岩溶水监测井进行时间序列分析。该监测井为生活饮用水井，属于非专用监测井，井深243m，目标开采层为奥陶系含水岩组。监测资料系列选用长度为2002—2010 年。

趋势分析：玉泉山562监测井水位监测序列呈明显的下降趋势，见图 2 - 14，地下水位在9年间下降16.40m，见表 2 - 15。

表 2 - 15　　　　　　　地下水水位数据序列趋势参数表

井号	监测时间	趋势参数	水位累计下降值/m
玉泉山562	2002—2010 年	$y = -0.0229x + 31.167$	16.40

周期性分析：受降水和开采影响，减去趋势的地下水水位数据序列受季节影响会呈现周期性变化，经过调和分析，玉泉山562监测井水位监测序列以年为周期波动，见图 2 - 15，基本以年 1.5～3m 的幅度变化，最大值一般在12月至次年1月，最小值在7—8月，见表 2 - 16。

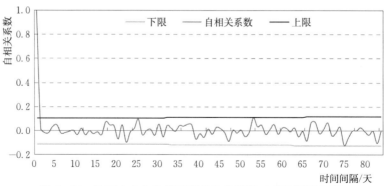

图 2－14　地下水水位数据序列变化趋势图（时间间隔 5 天）

表 2－16　　　　　　　　　地下水水位数据序列周期性变化参数表

井号	主要周期	最高水位月	最低水位月	年水位波动值/m
玉泉山 562	1 年	1 月	6—7 月	1.5～3

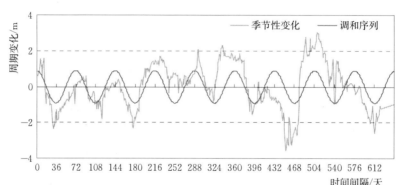

图 2－15　地下水水位数据序列周期性变化图（时间间隔 5 天）

　　自回归分析：地下水时间序列数据减去趋势和周期后，利用自回归模型分析平稳序列的自相关特征。分析显示，平稳序列可用 AR（1），模型模拟，见表 2－17，AR（1）模型与实际数据拟合较好，见图 2－16。

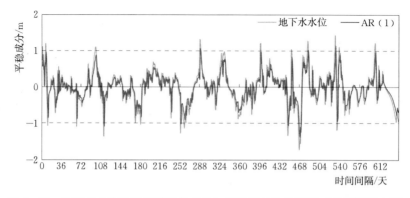

图 2－16　地下水水位数据序列随机成分与模拟值对比曲线图（时间间隔 5 天）

表 2-17   地下水水位数据序列随机成分参数表

井号	相关系数	AR（1）模型	标准方差的残差/m
玉泉山 562	0.80	$S_t = 0.7955S_{t-1}$	0.46

地下水水位时间序列中，减去趋势、周期和平稳成分后，其剩余部分应为一个独立随机变量，它可通过计算自相关系数进行验证，如果相关图在上下限范围内，则说明干扰是独立的，见图 2-17。

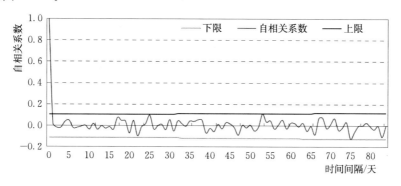

图 2-17 残差相关图（时间间隔 5 天）

联合模型：模拟一个非稳定地下水位时间序列，可由一个联合模型表达，即由趋势、周期和 AR（1）模型构成的联合模型。根据模型模拟值与实测值曲线对比图，见图 2-18，两者差别很小，拟合效果比较理想。

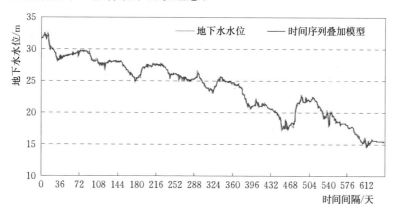

图 2-18 地下水水位原始数据与模型模拟数据拟合图（时间间隔 5 天）

（2）监测频率优化。根据时间序列分析，玉泉山 562 监测井地下水水位多年变化的主要特征为趋势性下降与年周期波动，因此监测频率应满足识别趋势与周期变化特征（图 2-19）。

在确定识别趋势的监测频率时，假定趋势检测的时间为 2 年，残差序列的标准方差为 0.5m，检测到的趋势为地下水水位每年下降 1.5m，检测到趋势的能力为 96%。

根据以上假设所建立的趋势检测能力曲线，每月 6 次的监测频率为 1。根据能力曲线，在频率为 0.18 时，趋势检测能力达到了 96%。超过这个频率，随着监测频率增加，检测趋势能力增加十分缓慢。因此 0.18 的监测频率，即每年监测 12 次，已经基本能够满足需要。

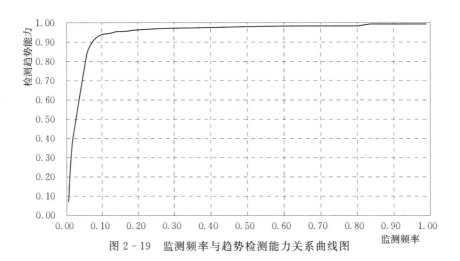

图 2-19 监测频率与趋势检测能力关系曲线图

根据调和序列所建立的周期模型，参数估计精度依赖监测数量，用半置信区间进行描述，半置信区间随着监测频率的增加而减小。每月 6 次的监测频率为 1。频率超过 0.18 半置信区间基本为常数，见图 2-20，说明每月一次的监测即可记录周期变化，且满足较高精度要求。

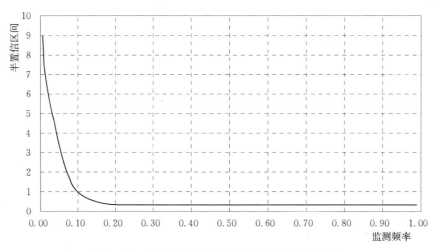

图 2-20 监测频率与半置信区间间隔关系曲线图

（3）监测频率确定。根据玉泉山 562 号频率分析，每月 1 次的监测频率即可监测到地下水水位的趋势和周期变化，基本满足长系列、大尺度监测目标需求。但对于时间跨度较小，水位变化幅度较大情况则难以满足，应利用自动设备加密监测。

在频率设计基础上，参照《地下水动态监测规程》（DZ/T 0133—1994）中每月监测 6 次，《地下水监测规范》（SL 183—2005）中根据不同监测站类别规定人工监测每 5 日 1 次，自动监测每日监测 6 次；对比国外相关规定，荷兰每月监测 2 次，德国每周监测 1 次，美国自动监测每日监测 1 次；结合监测工作实际，规划人工监测为每 5 日 1 次，自动监测每小时 1 次。

4. 监测方式确定

根据勘察研究项目总体方案，首先在西山岩溶水系统建设 8 个试点自动监测站。根据专用监测井投资需求等，规划 2020 年在重要水源地和具有重要开发利用潜力区实现自动监测，其他监测站均为人工监测。2030 年规划地下水位监测站全部实现自动监测。

2.5.6.2 水质监测规划

为简化规划篇幅，水质监测网规划包括水温监测网，监测网布局水质与水温监测网相同，只在水质监测规划项目中增加水温。

1. 水质监测网布局规划

（1）易污性与污染风险分析。受研究程度限制，目前尚无山区岩溶水易污性评价成果，且根据规划工作基础，本项目不对该区域进行易污性评价，只定性进行易污性分析。

岩溶水分布区中大部分区域为裸露型，因此各岩溶水分布区域对地下水防护性能较差，全部作为地下水脆弱区。

在地下水污染源调查工作现状和以往调查成果，特别是水务普查成果基础上，考虑污染风险评价成果权威性，结合本次规划工作特点，污染风险评价以应用现有成果为主。

根据相关岩溶水监测成果，在西山岩溶水系统中的牛口峪水库附近水质较差。随着环境保护工作的深入，加之岩溶水系统大部分位于人类活动比较稀少的山区，因此现状人类活动污染较少，根据北京市总体发展规划，基本不再建设高污染项目，区内岩溶水遭受进一步污染风险相对较低。现状污染源区域及其地下水流场下游应重点关注。

（2）根据上述分析并综合以下思路设计水质监测网：①基于地下水水质现状监测网点及历史监测情况；②根据易污性分析；③基于地下水污染源分布；④加强城市水源地的水质监测；⑤控制不同岩性含水层水质情况，每层均应有监测点监测；⑥在有争议地区，如有争议岩溶水边界两侧、性质不明断层两侧，均应布设监测点，配合地下水位监测点，研究其两侧之间的水力联系；⑦在岩溶水主要分布区南北及东西向形成联合剖面；⑧地下水水质与地表水水质之间在地表水渗漏地区有一定联系，布设地表水与地下水联合监测点；⑨在有第四系覆盖区，同时监测第四系水质与岩溶水水质。

（3）监测网布局设计。根据区域易污性分析，全区均需布设水质监测站，在牛口峪污染源附近及下游娄子水—新街一带重点布设监测站，在张坊应急水源地、市第三水厂等岩溶水水源地重点布设监测站，在主要岩溶水含水岩组的蓟县系雾迷山组及铁岭组白云岩、寒武系、奥陶系灰岩分布地区布设监测站，在 5 个岩溶水子系统内沿纵横剖面线布设监测站，在大石河、拒马河、永定河的岩溶水分布区相关河段布设监测站，配合地表水质监测站研究地表地下水水质关系。

在初步布设监测网基础上，参照 GB/T 51040—2014 中国家和省级水质监测站点占水位监测站点的要求，即国家级水质基本监测站应占水位基本监测站总数的 40%～50%，省区重点水质基本监测站应占水位基本监测站总数的 50%～60%。DZ/T 0133—1994 中的水质站数量占水位站的 30%～50%，HJ/T 164—2004 中站网密度 1 站/10^3 km²、每区（县）设 1～2 站的相对高限，综合各规范高限要求复核水质监测网。西山岩溶水系统共布设地下水水质监测站 45 个，监测站组成分类为国家地下水监测工程监测站 5 个，本次岩溶水勘探研究探采结合监测站 6 个，规划新增监测站 31 个，利用现状监测站 3 个。

2. 监测层位与监测项目

规划岩溶水水位监测站点按含水岩组分布情况见表 2-18，监测层位包括主要开采层的岩溶水含水岩组的长城系高于庄组、蓟县系雾迷山组及铁岭组白云岩、寒武系、奥陶系，基本与水位监测网所包括含水岩组相同，主要开发利用目标含水岩组的监测站点占总体监测站点比例达到89％。

表 2-18 水质监测站点按含水岩组统计表

| 岩溶水系统名称 | | 小计 | 含水岩组 | | | | | | 主要含水岩组 |
一级	二级		Jxw	Jxt	Qn	∈	O	其他	规划井比例
房山—昌平	西山	45	14	2	4	7	13	5	0.89

参照 HJ/T 164—2004 必测项目，监测项目包括 pH 值、总硬度、溶解性总固体、氨氮、硝酸盐氮、亚硝酸盐氮、挥发性酚、总氰化物、高锰酸盐指数、氟化物、砷、汞、锡、六价铬、铁、锰、大肠菌群，另外包括水温。根据特殊需求或在重点地区，可以增加监测项目。

3. 监测频率与监测方式

参照相关规范监测频次要求，GB/T 51040—2014 和 DZ/T 0133—1994 中，每年丰、枯水期各监测 1 次，HJ/T 164—2004 针对不同水质需求等提出监测要求，监测频次从背景值的每年枯水期 1 次至生活饮用水源井的每年 12 次不等。对比国外相关规定，包括英国 1～4 次/年、荷兰 1 次/年，并考虑欧盟水框架指令要求，结合每年丰枯水期各 1 次的现状监测频率，加之考虑资料系列一致性，规划每年枯水期和丰水期各监测 1 次，在特殊时段和重点区域适当加密。

根据水质自动监测设备性能及投资需求，水质监测方式规划近期 2020 年全部为人工监测，远期 2030 年在重点水源地及重点污染区部分监测项目实现自动监测。

2.5.6.3 开采量监测规划

1. 开采量统计规划

为有效服务于岩溶水科学开发利用与保护目标，应加强岩溶水开采统计，健全取用水统计制度，完善取用水台账，规范取用水统计。加强取用水统计数据质量控制，确保取用水数据真实可靠。安装水表，精确计量岩溶水开采量，全面推行计量管理，严格控制岩溶水开采量。

尽管岩溶水开采量基本全部监测，现状按行政区统计开采量，但还无法完全满足岩溶水评价、科学开发利用与保护要求。在现状监测统计模式基础上，应加强不同含水岩组开采量统计。

相关规范中开采量监测站网布局基本无量化指标，根据北京岩溶水分布、补径排特征和资源评价研究与开发利用现状与发展，规划在现状监测模式下，在保留按区县统计方式基础上，开采量再增加按岩溶水系统、目标含水层等统计方式。规划样表见表 2-19。

表 2-19 ××××年地下水开采量基本数据表（样表）

监测井编码	监测站名称	监测站位置	所属水文地质单元	井管类型	水位埋深/m	孔口标高/m	地下水类型	目标开采层	年开采量/m³

2. 监测层位、监测频率与监测方式

规划监测层位为开发利用目标含水层。监测频率在相关规范中规定每月监测 1 次，规划人工监测为每月 1 次，自动监测为实时监测。2020 年监测方式主要为人工监测，2030年在重点水源地及特殊区域实现自动监测。

2.5.6.4 泉水监测规划

1. 监测网布局规划

根据《北京泉志》及部分年份泉水调查资料，西山岩溶水系统共有岩溶一类泉 11 处。但近年只有部分泉水能够监测到流量，根据最新主要岩溶大泉（未包括温泉）涌水量等调查，其中仍常年有水或间歇有水的 9 处，常年无水的 2 处。见表 2 - 20。

表 2 - 20　　　　　　　　西山岩溶水系统主要岩溶大泉调查统计表

序号	所属分区	泉名	地层	喷涌状态
1		玉泉山泉	奥陶系灰岩与石炭系炭质页岩	无水
2		黑龙潭泉	奥陶系灰岩、白云质灰岩	无水
3		万佛堂泉	奥陶系灰岩	间歇有水
4		马刨泉	寒武系—奥陶系灰岩	季节性水
5		河北泉	寒武系灰岩中	有水
6	西山	黑龙关泉	蓟县系铁岭组白云岩	有水
7		甘池泉	蓟县系雾迷山组白云岩	有水
8		高庄泉群	蓟县系雾迷山组白云岩	有水
9		下营泉群	蓟县系雾迷山组白云岩	有水
10		马鞍泉	蓟县系雾迷山组白云岩	有水
11		上清水泉	奥陶系灰岩	有水

泉水监测站网布局参照 GB/T 51040—2014 中要求，山丘区流量大于 $1.0\,\mathrm{m^3/s}$，应布设泉流量基本监测站；山丘区流量不大于 $1.0\,\mathrm{m^3/s}$ 的泉，可选择具有供水意义的泉，布设泉流量基本监测站；具有特殊价值的名泉，布设泉流量基本监测站。同时规划中根据泉水流量监测信息缺乏的现状，考虑南水北调替代本地水源所减少岩溶水开采量、水生态保护及水文化传承需要，规划在 11 处主要岩溶一类泉设置监测站，包括万佛堂泉、马刨泉、河北泉、黑龙关泉、甘池泉群、马鞍泉、高庄泉群、下营泉群，玉泉山泉、黑龙潭泉、上清水泉。

2. 监测项目、监测频率与监测方式

泉水监测项目包括流量和水质。流量监测频次参照相关规范，考虑近年部分泉水断流及南水北调达效后地下水得到部分恢复的可能性，参照 GB/T 51040—2014 和 DZ/T 0133—1994，结合泉水调查监测现状，对于本次调查 17 处有水的泉确定流量监测频率为每月监测 1 次；对于 5 处无水的泉（泉流量为零），每年丰水期监测 1 次，以观测泉水恢复状态，当监测到泉流量后，则每月监测 1 次。

对于有水的泉，水质监测频次参照地下水水质相关监测规范，丰、枯水期各1次，无水的泉水则暂时不监测水质，待监测到泉流量时再监测水质。

流量规划监测方式近期2020年为人工监测，远期2030年部分重要泉点实现自动监测。水质近期2020年规划全部为人工监测，远期2030年部分监测项目实现自动监测。

2.5.7 效益分析

2.5.7.1 社会效益分析

（1）依据岩溶水监测体系规划建设的监测体系，将为深入研究区域岩溶水系统特征与结构模式提供科学依据。

（2）长系列岩溶水监测资料，是研究岩溶水的主要环境问题的成因、指导岩溶水易污性评价与保护区划分不可替代的依据。

（3）北方岩溶水具有水量大、动态稳定、水质良好等属性，是30多个地市级以上城市、100多个县级城市以及广大岩溶山区乡村人畜饮用水的主要供水水源，数十座大型火电厂冷却用水水源，70%以上北方大型煤矿生活、生产用水水源，上千万亩农田灌溉用水水源；使济南趵突泉等岩溶大泉成为重要旅游资源，并发挥着维系下游河流沿岸良性生态环境功能。岩溶水资源在经济社会发展中发挥着越来越重要的作用。

与此同时，北方岩溶水系统从输入到输出都发生了巨大变化，面临着突出的水文地质环境问题持续性发展势头以及严峻的潜在的环境问题，而用于研究解决问题与及时预警的必要基础岩溶水监测体系还非常不健全，与岩溶水资源在经济社会发展中的作用以及岩溶水自身演化规律探索对于监测体系的需求存在明显矛盾。岩溶水监测体系规划实践不仅对于北京市岩溶水开发利用与研究具有重要意义，而且对于整个北方地区具有示范作用。

2.5.7.2 经济效益分析

（1）岩溶水资源是水资源的重要组成部分，岩溶水资源监测体系构建对于提高岩溶水开发利用靶区命中率，更加精确地确定开采层位、明确可开采量都具有直接或间接的效益。

（2）岩溶水开发利用中可能引发的地面塌陷等地质灾害是经济社会发展面临的问题之一，利用监测数据通过科学分析和及时准确的预报分析，不仅为防治地质灾害、科学决策提供依据，而且可能减轻甚至避免灾害损失，直接或间接经济效益明显。

（3）北京市是严重缺水地区，实施最严格水资源管理制度离不开准确及时的水资源监测研究，由此产生的水资源经济效益巨大。

（4）生态环境是人类赖以生存发展的基本条件之一，是经济社会发展的基础。岩溶水环境的易污性更要求严密的水生态监测分析，保护水生态与水环境对于首都生态环境的改善将起到重要作用，对于促进经济健康可持续发展具有不可替代的保障作用。

2.5.7.3 环境效益分析

（1）岩溶地下水在北京市水资源的重要战略地位毋庸置疑，但由于岩溶水赋存及补给条件等特殊性，具有更强的易污性，且一旦受污染则难以恢复。因此岩溶水水质监测信息是健全和完善岩溶水水源地保护区建设，实现岩溶水分布区的农药、化肥施用控制管理，及根据地下水防污性能指导城市规划等地下水环境保护措施中的关键技术参数。

（2）隐伏区岩溶水与第四系地下水具有较强的水力联系，岩溶水水位变化是影响第四系地下水水位变化的要素之一。而地下水埋深是干旱、半干旱地区地下水生态需水量的最主要指标。在诸多地下水生态指标中，通过调节地下水埋深，可以控制耕层土壤含盐量、潜水矿化度、土壤含水量、潜水蒸发量等其他指标。地下水埋深是研究地下水生态环境与气候及下垫面条件关系，确定区域地下水生态需水量，建立分区域的地下水生态指标阈值范围的关键依据。而岩溶水监测体系建设规划的实施将提高包括地下水埋深在内的地下水信息监测与处理等生态环境服务能力。

2.5.8 结论与建议

2.5.8.1 结论

1. 规划监测网

规划各岩溶水系统共布设国家级地下水监测站 5 个，同时监测水位和水质。省级地下水监测站 79 个，水质站全部包括在水位站网中。

规划各岩溶水子系统共布设地下水位、水质、泉水监测站 140 个（84 个水位监测点包括 45 个水质点），其中水位监测站 84 个，水质监测站 45 个，泉水监测站 11 个。开采量规划逐井监测统计。

规划岩溶水监测含水岩组主要包括：①岩溶水主要开发利用目标含水岩组；②岩溶水系统边界确定、资源计算、补给条件及循环深度、岩溶发育规律研究及地质灾害预防等所需监测含水岩组。具体包括蓟县系雾迷山组及铁岭组白云岩、寒武系、奥陶系等。

规划地下水水位监测频率人工监测为每 5 日 1 次，自动监测每小时 1 次；水质监测频率每年 2 次，开采量监测频率人工为每月监测 1 次，自动为实时监测，泉水监测频率为每月 1 次。

地下水位规划监测方式，近期 2020 年在重点水源地及具有重要开发利用潜力区实现自动监测，其他区域为人工监测，远期 2030 年规划全部实现自动监测；水质监测方式近期 2020 年规划为人工监测，远期 2030 年在重要水源地及重点污染区重要监测项目实现自动监测；开采量监测规划近期 2020 年从人工监测逐步过渡到自动监测，在重要水源地实现自动监测，远期 2030 年全部岩溶水开采井实现自动监测；泉水监测方式近期 2020 年规划为人工监测，远期 2030 年在重要泉点实现自动监测。

2. 监测规划框架作用

岩溶水监测体系建设规划研究是首次开展，规划研究过程中，尽量采用国际上比较先进且成熟的方法，结合已有历史资料及最新勘探研究成果，参照相关规范，确定了 84 个水位监测点、45 个水质监测点（全部利用水位监测井）。岩溶水钻探资金投入需求较大，以往投入方式主要是专项研究投入，而专门的岩溶水监测体系规划尚属首次，因此研究过程中，探索通过发挥规划监测网框架作用，提高资金利用率的有效途径。

本次规划中，充分发挥监测体系规划所确定监测网的框架作用，考虑专项投入情况，并尽可能将现状监测井及本次勘探工程探采井纳入监测网。84 个水位监测站点中，国家地下水监测工程监测站 5 个（全部中央投资），已经竣工的岩溶水勘探研究探采结合井 17 个，利用现状监测站 4 个，规划新增监测站 58 个，而且新增站点中，包含张坊水源地监测条件满足要求的 2～16 井点，各类站点中，新增规划站点比例为 69%。

根据国家及北京市相关发展规划，充分考虑岩溶水监测工作投入的不确定性，岩溶水开发利用及保护研究工作需求与规划期经济技术条件存在的矛盾在相当一段时间不会得到彻底解决，在监测体系规划所确定监测网框架下，可以利用各方面条件和力量，缓解上述矛盾，促进规划新建岩溶水监测井的实施过程。

2.5.8.2 建议

在规划编制阶段，通过利用国家地下水监测工程等监测站点探索了规划框架作用，实际已经使部分规划监测站点基本落实。在规划实施阶段，应进一步发挥规划框架作用，一方面可以利用南水北调受水区替代岩溶水开采井，另一方面利用专项研究资金建设部分岩溶水监测井，增强规划站点实施可行性。

随着岩溶水勘查研究与经济社会发展，监测规划需适时、适度调整，以尽可能避免规划对岩溶水开发利用与保护工作的局限性。在水质监测站网布局设计中，受研究程度限制，尚无岩溶水易污性评价成果，因此根据本次工作基础，只定性进行易污性分析，使水质监测站网布局设计精度受到一定程度影响。应尽快开展岩溶水易污性评价工作。在地下水水位监测频率设计中，由于岩溶水监测连续性强且具有代表性的水位监测站非常少，使所设计监测频率不尽完善。应尽快实施监测规划，根据系列监测资料，使监测频率优化程度更好地满足需求。

1. 利用规划框架增强实施可行性

在规划框架内一方面利用南水北调受水区替代岩溶水开采井，另一方面利用专项研究资金建设部分岩溶水监测井，缓解岩溶水监测井建设资金需求与投资短缺的矛盾，解决规划实施所需新建站点问题，节省投资、缩短建设过程，增强规划实施可行性。

在已将国家地下水监测工程岩溶水监测站点全部纳入监测体系基础上，充分考虑北京市政府对于岩溶水监测体系的支持力度不断加大的实际，同时利用国家和地方其他相关研究项目等各方面资金，统筹协调，分期、分项实施监测井建设，利用规划框架作用，将零散资金的应用效果总体化。

2. 存在问题与完善途径

（1）定期完善监测规划。岩溶水监测体系建设规划是初次制定，工作基础是以往勘探研究成果，随着岩溶水开发利用与保护需求不断提高、勘探研究资料翔实程度不断增强，岩溶水监测体系规划应随之不断完善。

（2）加强岩溶水易污性评价工作。由于岩溶水监测研究基础较薄弱，无岩溶水易污性评价成果，本次规划工作限于工作任务分工与时间条件，在岩溶水水质规划工作中未能应用国际上较先进方法（其需要岩溶水易污性评价资料）进行水质监测站规划。因此建议加强岩溶水易污性评价工作，为今后规划完善与制定实施方案打下良好基础。

（3）抓紧制定《岩溶水监测规程》。《岩溶水监测规程》是监测工作规范化的要素之一，也是监测规划实施所需的依据之一。本次规划工作限于以往工作基础及时间等条件限制，未能实施《岩溶水监测规程》的编制工作，建议在规划实施前完成《岩溶水监测规程》的制定。

（4）加强岩溶水监测研究工作。岩溶水是北京市战略性地下水资源，且在部分区域赋存环境易污性较强，加大对岩溶水监测研究工作投入，有利于解决岩溶水开发利用与保护工作的矛盾。岩溶水监测工作投入较大，加强岩溶水监测研究有利于设计更加科学的站网布局与监测频率，提高资金利用效率。

（5）加强国际合作。岩溶水监测研究工作在北方还比较薄弱，需要广泛开展并积极参与国际组织、机构和其他国家、地区先进的技术交流合作，同时掌握国际前沿科技相关发展趋势，全方位提高岩溶水监测技术、管理和国际合作水平。

第 3 章 岩溶水资源监测体系建设

岩溶水资源监测体系规划的实施需经过项目可行性研究、初步设计等相应流程。限于篇幅，本章在介绍岩溶水资源监测体系规划的基础上，将着重介绍监测体系建设的相关内容。监测体系建设不仅是对监测体系规划的付诸实施，同时也是对监测体系规划的完善和适当扩充，并对规划加以符合实际监测需求的细化。因此，监测体系建设以监测站为主体，同时还包括相关管理机构及辅助设施建设。

3.1 建设目标、任务与规模

3.1.1 建设目标

根据岩溶水资源监测现状结合经济社会发展确定建设目标。现状地下水水位人工监测方式从 20 世纪 70 年代末开展相对普遍，并提供了相关数据服务。但与经济社会发展科学监测需求存在明显差距，因此监测体系建设中，地下水水位应以自动监测方式为主，水质监测以人工监测为主，其他监测要素根据需求确定。

一般建设目标为，通过国家级和省级监测站以及省级监测中心的建设，构建较为完善的岩溶水监测网络，实现对所辖水文地质单元以及地下水开发利用程度较高地区地下水动态的实时监控；及时、准确、全面地掌握岩溶水动态信息，满足社会对地下水信息的基本需求，为优化配置、科学管理地下水资源，实现最严格的水资源管理制度，保护生态环境提供优质服务；为水资源可持续利用和国家重大战略决策提供基础信息，促进经济社会的可持续发展。

3.1.2 建设范围

项目建设范围一般为规划范围所辖区域，主要分布在地下水开发利用区，包括一般平原区、山间平原区，其中叠加水源地所在区、地下水超采区、南水北调受水区、地面沉降区等。以水文地质单元为基础，考虑经济社会发展、人民生活和生态环境保护的需要，在地下水超采区、供水水源地、水资源保护区、生态脆弱区等适当加密布设地下水监测站网。通过监测建设形成布局较为科学合理的国家地下水监测站网。

3.1.3 建设任务

岩溶水资源监测体系建设应在国家地下水监测中心框架下，国家地下水监测中心已经基本建成，省级、地市级地下水分中心，也已初具规模，承担岩溶水监测体系建设与管理任务。因此以下重点介绍岩溶水监测站的建设任务。

岩溶水监测站应包括监测体系规划所含各类监测站,包括水位监测站、水质监测站、开采量监测站、泉水监测站等。水质监测站一般在水位监测站中选取一定数量开展人工常规水质采样监测,并在其中选择少量有代表性的站进行水质自动监测。水质自动监测站一般按需求可以建设以电极法五参数为主,或以电极法五参数加 UV 探头为主。水位监测站一般配备地下水水位、水温信息自动采集设备,并在水质自动站配备水质信息自动采集传输设备。

3.2 建设方案

3.2.1 确定依据

3.2.1.1 项目依据

(1) 国家或省级相关部门对于项目建议书的批复。

(2) 国家或省级相关部门对于项目可行性研究报告的批复。

(3) 项目建设的其他相关依据。

3.2.1.2 法律法规

(1)《中华人民共和国水法》。

(2)《中华人民共和国水文条例》。

(3)《中华人民共和国环境保护法》。

(4)《国务院关于加强地质工作的决定》。

3.2.1.3 技术标准

(1)《地下水监测规范》(SL 183—2005)。

(2)《地下水监测站建设技术规范》(SL 360—2006)。

(3)《水文设施工程初步设计报告编制规程》(SL 506—2011)。

(4)《水工建筑物与堰槽测流规范》(SL 537—2011)。

(5)《机井技术规范》(GB/T 50625—2010)。

(6)《管井技术规范》(GB/ 50296—2014)。

(7)《水文基础设施建设及技术装备标准》(SL 276—2002)。

(8)《水文站网规划技术导则》(SL 34—2013)。

(9)《供水水文地质勘察规范》(GB 50027—2001)。

(10)《工程勘察工程设计收费标准》(2002 年修订本)。

(11)《水文自动测报系统技术规范》(SL 61—2015)。

(12)《水文监测数据通信规约》(SL 651—2014)。

(13)《地下水数据库表结构及标识符》(SL 586—2012)。

(14)《水文测站代码编制导则》(SL 502—2010)。

(15)《水情信息编码》(SL 330—2011)。

(16)《基础水文数据库表结构与标识符标准》(SL 324—2005)。

（17）《水质数据库表结构与标识符》（SL 325—2014）。

（18）《水文地质术语》（GB/T 14157—1993）。

（19）《机井井管标准》（SL/T 154—2013）。

（20）《水井用·聚氯乙烯（PVC-U）管材》（CJ/T 308—2009）。

（21）《城市地下水动态观测规程》（CJJ 76—2012）。

3.2.1.4 设计原则

岩溶水监测项目一般根据国家、行业有关规定，在项目设计、建设过程中应遵循以下4项原则。

1. 统筹部署、统一标准

为实现资源整合、信息共享的目标，岩溶水监测项目按照统筹部署、统一标准的原则，与相关项目协同合作、分别实施，建设一个完整协调的岩溶水监测体系。

统筹考虑岩溶水分布区，坚持重点监测与区域控制相结合、子流域监测与大流域控制相结合，对调水区、超采区、生态修复区、重点地下水源地等特殊类型区的监测站网进行重点建设。监测站的位置应便于实施管理和监测。以水资源统一管理为主要目的的自动监测站尽量选在设有水文（位）站或雨量站、气象站、旱情监测站的地方，与《全国水利发展总体规划纲要》等要求相一致。

2. 因地制宜、经济合理、节能环保

以现有站网为基础，考虑各地的自然条件和经济社会发展水平，因地制宜，实事求是地布设监测站，充实完善监测网络。注重经济性和实用性，合理控制工程规模；同时，为满足当前及今后一定时期内社会发展、经济建设、生态保护等对岩溶水监测信息的要求，提高监测站网密度和地下水监测精度。岩溶水监测站建设要优先使用节能、安全、环保材料，因地制宜制定建设方案，避免重复和浪费。

3. 技术先进、实用可靠

立足于国家经济实力和社会发展水平，密切跟踪国际岩溶水监测的新技术、新方法、新仪器，在充分借鉴国内外先进经验的基础上，依靠科技进步，采用先进的技术手段和仪器设备提高监测的自动化水平和科技含量。

4. 分别实施、信息共享

岩溶水监测工程是地下水监测工程的一部分，其建成后应与其他工程项目实现信息共享，构建地下水信息采集、传输、存储、处理、服务体系，为各部门和社会提供地下水历史和实时动态信息服务。

3.2.2 站网布设

根据监测站的管理权限与重要性，可将岩溶水监测站分为国家级监测站、省级监测站和地市级监测站。

3.2.2.1 布设依据及原则

1. 布设依据

岩溶水监测站布设主要依据《水文站网规划技术导则》（SL 34—2013）、《地下水监测工程技术规范》（GB/T 51040—2014）、区域岩溶水监测规划、国家或省级相关部门对于监测项目建设的批复文件等。

2. 布设原则

根据水资源开发利用与管理、生态环境保护对地下水监测信息的需求，分为基本类型区（一般类型区）、特殊类型区（重点监测区）布设地下水监测站网。

站网布设一般按监测规划，以岩溶水分布区为基本单元进行控制性布设，对特殊类型区（人口密集区、南水北调受水区、重要地下水水源地、超采区等）进行重点布设。

岩溶水监测站布设原则如下：

（1）满足需求的原则，满足水资源开发利用管理、地下水"双控"指标考核、抗旱工作、经济社会发展的需要。

（2）继承发展的原则，在继承现有站网的基础上发展。

（3）全面布设的原则，在岩溶水分布区全面控制布设。

（4）突出重点的原则，重点开发利用地区加密布设。

（5）方便管理的原则，测站布设位置应方便管理。

（6）避免重复的原则，避免不同部门重复布设。

3.2.2.2　站网组成及分布

根据站网规划、站网布设依据和原则，在项目所辖区域内的岩溶水分布区、针对重点目标含水层组布设监测站，并在南水北调受水区、重要地下水水源地、超采区等加密布设。在此基础上，进行岩溶水监测站的不同分布区、不同目标含水层组等相关站点统计，并完成站点统计表，同时绘制站点布设分布图。

3.2.2.3　站网合理性分析

根据站网规划，结合区域水资源开发利用与管理对地下水监测信息的需求，站网合理性分析一般按岩溶水分布区及重点监测区进行。

1. 岩溶水分布区站网布设

岩溶水分布区站网布设根据地下水开发利用目标含水层位置、地下水流场，沿地下水流向为主与垂直地下水流向为辅相结合布设监测站。根据地下水补给、径流特征，选择有代表性区位布设。根据区内地下水开发利用、水资源管理及城市建设的需求，做适当调整。

2. 重点监测区站网布设

重点监测区是在地下水开发利用程度较高或因地下水开采引发资源、环境、地质问题突出而布设监测站点以监控地下水动态特征的区域，主要包括超采区、重要水源地、南水北调受水区等。

（1）超采区（地面沉降区）地下水监测站网布设，在区域控制的基础上，在漏斗中心区、过渡区、边缘区加密布设地下水监测站点。对于重要的地下水超采区结合相关规划及监测规范要求适当调整监测站点的布设密度。

（2）岩溶水水源地监测站网布设，应监控重要单纯开采岩溶水的水源地和既开采孔隙水也开采岩溶水的水源地的水位、水质变化过程，监测站网布设密度应符合 GB/T 51040—2014 等的要求。

（3）南水北调受水区地下水监测站网布设。我国南水北调受水区分东、中、西三线，东线和中线一期工程相继于2013年12月和2014年12月正式通水，受水区涉及北京、天津、河北、山东等多个省市。南水北调水源一般优先用于生活用水，即将减少水源地开采量。南水北调水源效益发挥程度通过地下水动态反映，因此应分析南水北调受水区监测站网密度与一般区域比较是否增加。

（4）综合分析各类重点监测叠加区域站网布设情况。部分区域地下水超采区与南水北调受水区和水源地相互切割叠加时，应综合分析各类区域站网密度，以各类区域的最高站网密度作为叠加区域的站网密度要求。

3.2.3　监测站

3.2.3.1　水位监测站

1. 工程物探

为较精准地确定岩溶水监测站位置，尽可能减少打干井风险，在监测井建设前需对岩溶水监测站进行地面物探工作，依据监测站井深和所处区域，物探勘察一般采用激电测深和瞬变电磁两种方法进行勘察。

2. 监测井

监测站建设涉及井深、管材、开孔井径、井管设计、过滤管及过滤器设计、滤料填充、沉淀管设计、封闭及止水设计、岩土样采集、洗井、抽水试验、电测井等。

（1）井深。合理井深是监测站设计的基本指标。井深设计主要依据各地水文地质条件、目标含水层（组）动态变化范围。地下水监测目标含水层为岩溶水，应凿穿岩溶水上部覆盖岩层，到岩溶发育部位一定深度为止。根据不同岩溶水分布区监测目标含水层确定具体井深。

（2）管材。因井管直接与水、矿物质、空气等物质接触，并受到重力、水土压力、水的浮力等力学作用，综合考虑测井深度、地质条件、地下水水质等因素选择管材。监测井基本选用外径146mm，壁厚6mm的无缝钢管。

（3）开孔孔径。开孔孔径一般根据井管的类型、规格等确定。一般开孔孔径比井管外径大150~200mm。地下水监测孔一般采用外径146mm的无缝钢管。

（4）井管设计。根据电测井成果，目标含水层采用过滤管，其他层位采用井壁管，井壁管高出监测井附近地面500mm。

1）过滤管及过滤器设计。监测井凿穿的地下水监测目标含水层全部安装过滤管。一般地下水监测目标含水层为基岩裂隙水和岩溶水，过滤器采用骨架过滤器或缠丝过滤器。若岩层稳定可不安装过滤器。

2）滤料填充。滤料选择一般包括磨圆度良好的砂或砂砾石，滤料直径计算公式为

$$D_{50} = (10 \sim 20)d_{50}$$

滤料数量计算公式为

$$V = 0.785 \left(D_k^2 - D_g^2 \right) L\alpha$$

式中　V——滤料数量，m^3；

　　　D_k——填砾井段的开孔孔径，m；

D_g——过滤管外径，m；

L——填砾井段的长度，m；

α——超径系数（无因次），$\alpha = 1.2 \sim 1.5$。

根据地下水监测站所处位置和含水层情况，选用不同粒径、级配以及磨圆度较好的硅质砂、砾石为主的滤料进行填充，填砾厚度不小于75mm。充填滤料应填自滤水管底端以下不小于1m处至滤水管顶端以上不小于3m处。

3）沉淀管设计。沉淀管安装在监测井底部，均采用井壁管，长度5m，管底用钢板焊接封严，或利用混凝土封严。

（5）封闭及止水设计。充填滤料顶端至井口井段和充填滤料下端至井底井段的环状间隙，必须进行封闭和止水。封闭和止水的材料宜选用粒径为20～30mm的半干状黏土球。计算封闭和止水材料数量的计算公式为

$$V_1 = 0.785(D_{k-1}^2 - D_{g-1}^2)L_1\alpha$$

式中 V_1——封闭和止水材料数量，m³；

D_{k-1}——封闭和止水井段的开孔井径，m；

D_{g-1}——封闭和止水井段井壁管的外径，m；

L_1——封闭和止水井段的长度，m；

α——超径系数（无因次），$\alpha = 1.2 \sim 1.5$。

（6）岩土样采集。区域岩土样采集数量根据监测工程的级别确定。一般国家级监测站应全部采集岩土样，省级及以下级别监测站可根据监测站重要程度确定采集岩土样数量，所有省级重点监测站一般也全部采集岩土样。

（7）洗井。

1）洗井方法。根据各地区含水层岩性特征、监测井结构和井管管材的实际情况，钢管采用活塞或空气压缩机洗井，PVC-U管、钢筋混凝土管采用抽水洗井。

2）洗井要求。洗井工作必须在下管、填砾、止水后立即进行。洗井效果应满足，当向监测井内注入1m深井管容积的水量，水位恢复时间超过15min时，应继续进行洗井，否则，可认为完成洗井工作。

（8）抽水试验。抽水试验采用单孔稳定流抽水试验，抽水试验前设置井口固定点标志并测量监测井内静水位。抽水试验后，计算渗透系数和单位涌水量等参数。设计中所有监测站全部进行抽水试验，抽水试验的水位降深次数为3次，台班数为3个。

（9）电测井。电测井采用梯度电极或电位电极与地面电极在钻孔中建立直流电场，测量延井轴分布的两点之间的电位差来求取地层的视电阻率。根据视电阻率曲线形态划分地层，确定其厚度，定量估算地层的电阻率和孔隙度。观测方法为：在钻孔中放置与方法相应的电极系装置（包括供电电极、测量电极及相应的电子电路），通过供电电极向井孔地层通入电流产生电场，记录测量电极之间的电位差；当电极系沿着钻孔从井底向上以一定速度移动时，测量出整个钻孔地层剖面的视电阻率值。电测井工作应当遵循以下原则：

1）测井速度根据仪器延时参数和测量精度要求而定，不大于1000m/h。

2）标记电缆深度时，应挂相当于井下仪器重量的挂锤。

3）测井曲线首尾必须记录有基线，首尾基线偏移不大于2mm。

4）曲线线迹清楚，当曲线出现断记和畸变时，必须在现场查明，采取有效措施后，重新记录。

5）视电阻率进行标准测井时，应使梯度和电位测井曲线能兼顾分层定厚和估算渗透层及其侵入带的真电阻率。

3. 辅助设施建设

辅助设施包括井口保护装置、水准点、标示牌等。

（1）一体化井口保护装置。一体化井口保护设施占地少，性价比相对较高，有条件的一般采用一体化井口保护装置。一体化井口保护装置又可以建成两种类型。

1）井口保护装置下部为混凝土结构，高度 500mm，深度取 $H=300mm$，以便顶部安置仪器保护箱。3M10 地脚螺栓预埋入出地面井壁管外侧混凝土中。水位监测井所处的现场环境不尽相同，为避免井口保护设施与当地环境不协调，可根据周围环境做出不同的景观设计，将井口保护设施隐藏其中，与整体环境相协调。

井口保护设施总体高度为 975mm，符合人体工学要求一般操作台高度。上部的保护帽采用普通碳钢（表面镀锌），整体喷塑，高度为 483mm，厚度为 8mm；146mm 管材保护装置直径为 300mm，200mm 管材保护装置直径为 400mm；下部混凝土基座地面以上部分高度 492mm，见图 3-1。

井口保护设施防盗锁位置由 M16 内六角螺栓从上向下穿过上盖，经过保护筒上的锁扣与防盗螺母连接，且配有锁栓专用工具。

井口保护设施上面盖子与筒壁采用轴承控制装置，当筒盖打开时，可以与筒壁保持 90°夹角，能够放置移动数据识读转储设备或水位巡测设备，极大方便日常水位巡测与设备检测，见图 3-2 和图 3-3。

2）井口保护设施采用长方体形式，出地面高 1.3m，采用板件折弯焊接而成（整体除锈后喷漆），折弯角度 $R \leqslant 3$，完成之后修理焊缝。此类装置结构相对简单，可设置于单位院子等非野外环境，或建于公园、绿地等具有管理单位的监测站，保护筒外还可涂刷彩色涂料，以达到与周围环境和谐的效果，见图 3-4～图 3-6。

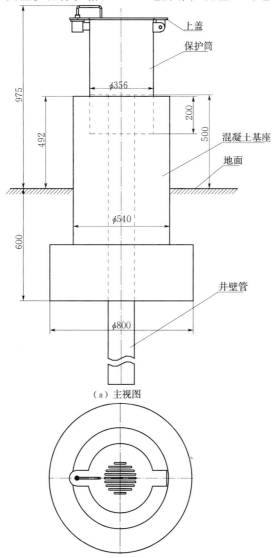

（a）主视图

（b）俯视图

图 3-1　直立式井口保护设施设计图（单位：mm）

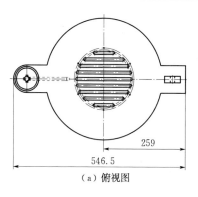

（a）俯视图

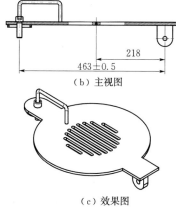

（b）主视图

（c）效果图

图 3-2 井口保护设施上盖设计图（单位：mm）

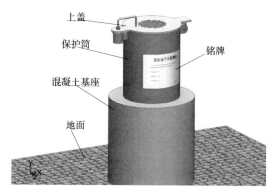

图 3-3 井口保护装置效果图

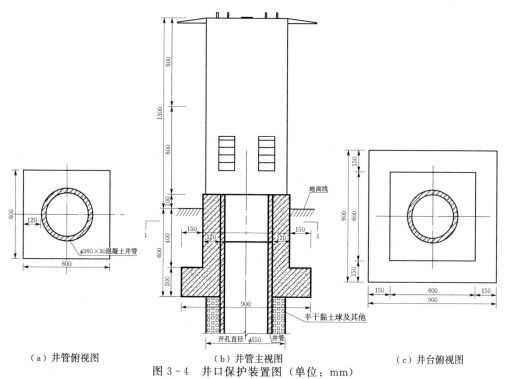

（a）井管俯视图　　（b）井管主视图　　（c）井台俯视图

图 3-4 井口保护装置图（单位：mm）

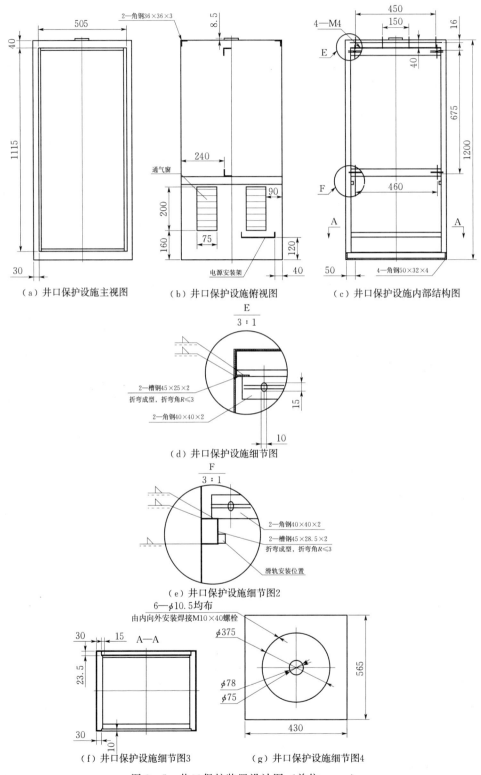

（a）井口保护设施主视图　　（b）井口保护设施俯视图　　（c）井口保护设施内部结构图

（d）井口保护设施细节图

（e）井口保护设施细节图2

（f）井口保护设施细节图3　　（g）井口保护设施细节图4

图 3-5　井口保护装置设计图（单位：mm）

图 3-6 井口保护装置效果图

（2）分体式井口保护装置。水质自动监测站由于耗电量相对较大，需要架设太阳能板，因此适宜采用分体式保护装置。此类保护装置除包括一体式井口保护装置的主要部分，还需设立高 2.5m、表面光滑、酸洗热镀锌的钢管作为架设太阳能板的杆，其基础采用 C25 混凝土现场浇筑，出地面高度 100mm，地下埋设深度不小于 300mm；同时，预埋 6 个 M10 地脚螺栓，并通过法兰盘将立杆连接固定于基础上。将太阳能板用抱箍固定在立杆上，其倾斜度应能调节，以适应各地纬度。

放置太阳能板蓄电池的仪器箱采用抱箍方式固定在太阳能板下方立杆上，电源线通过预埋于地下 200mm、向下倾斜的 DN25PVC 走线管与仪器设备相连。仪器箱尺寸大小应能满足太阳能蓄电池放置要求。

防雷等级取 Ⅱ 级，滚球半径 20m 或 30m。避雷针支撑与顶部托盘焊接，焊缝高度 5mm；引下线用扁铁焊接接入地网，地网采用环形接地网，见图 3-7。可根据施工实际及《建筑物防雷设计规范》（GB 50057—2010）第 5 节调整，但必须满足接地电阻小于 10Ω。

（3）水准点。水准点是地下水监测站的基础设施，是校核地下水位的重要高程基准。按照相关规范，结合实际应用，通常在监测井旁将水准点埋于地下，设置水准点指示桩。水准点指示桩埋于水准点正北方向 1.5m 处，采用 C25 混凝土浇筑，露出地面部分标注水准点编号及位置指示箭头，以便于测量人员快速找到水准点位置。水准点钢管内灌满水泥砂浆，顶端安装铜水准点，上覆盖板。见图 3-8。

（4）标示牌。标示牌主要作用是标示地下水监测站点等级与归属，起到保护与宣传作用。一个区域的标示牌样式与尺寸等最好统一，材料应防风蚀雨蚀。

对于采用井口保护装置的监测井，标示牌规格一般长 300mm、宽 200mm、厚 2mm

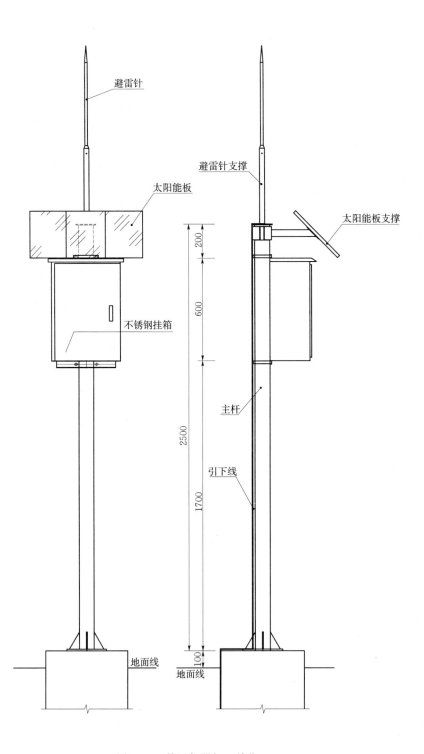

图 3-7　外置仪器架（单位：mm）

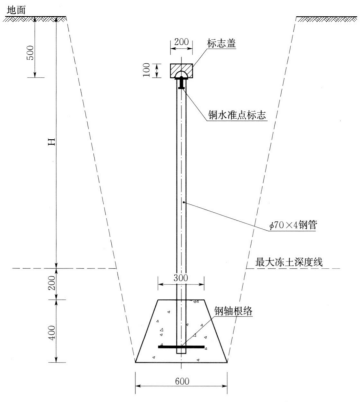

图3-8　监测站水准点设计图（单位：mm）

（大小可根据保护装置进行调整）、"××地下水监测站""警示语、监测站编号、设置日期、管理单位、联系电话"所属字体为隶书，字高适应标示牌大小，见图3-9，以纯铜或纯不锈钢为材料，铆固于保护装置外。

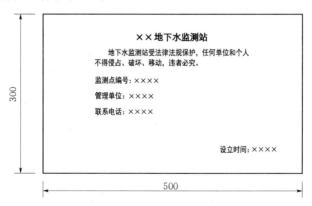

图3-9　监测站标示牌样图（单位：mm）

4. 水位水温仪器选型

（1）压力式水位计。岩溶地下水一般埋深超过15m，需采用压力式水位计，承压范围应符合水位最大变幅的要求。压力式水位计的性能质量主要决定于压力测量元件的类型、是否有温度修正功能以及设计、工艺、产品化程度。陶瓷电容测压元件比传统的压阻式元件稳定，应优先选用此类设备。压力式水位计在水下，测得的是水深压力和水面上的大气压力之和，应通过通气管将大气压引入水下的测压元件，或通过其他方式自动抵消大气压，得到水深产生的压力，测得水深并转换成水位。

（2）遥测终端机（RTU）。RTU用于自动采集、存储、传输各种类型地下水监测传感器的数据，其特点是体积小、功耗极低，一般应采用内置电池供电。RTU通过RS232\RS485或模拟量接口连接监测传感器，自动采集传感器数据；通过数据传输单元按照规定的数据传输协议定时自动传输监测数据；通过数据存储单元存储监测传感器数据；通信信道一般采用GPRS。

（3）仪器设备主要性能指标。设备的水位测量性能要求为：水位计分辨率为1cm或0.1cm；水位变幅0～10m，测量误差≤±2cm；水位变幅＞10m，测量误差≤量程的0.2％；重复性误差≤±1cm。

设备的水温测量性能要求为：水温计分辨率为0.1℃；在0～70℃水温变幅范围内，测量误差≤±0.2℃。

设备的环境适应性指标主要包括工作温度、湿度。工作温度要求：水下部分0～40℃（接触的水不结冰）；井内部分－5～55℃；地面部分－10～45℃或－25～55℃。工作湿度要求：井内部分相对湿度100％RH（40℃时）；地面部分相对湿度≤95％RH（40℃时）。

设备储存环境要求：储存温度－40～60℃；储存湿度≤95％RH（40℃时）。

设备机械环境要求为：振动时应能承受GB/T 9359所规定的振动试验；自由跌落时应能承受GB/T 9359所规定的自由跌落试验；在电磁环境中工频抗扰度性能应满足符合GB/T 17626.8第3级要求。

RTU性能要求设备平均无故障时间（MTBF）不小于25000h；需至少具备2个RS232\RS485数字输入接口，用于连接监测传感器，实现数据、命令双向传输；需至少具备1个模拟量输入接口，支持4～20mA电流输入或1～5V电压输入，至少达到12位分辨率，用于连接监测传感器；需具备一定的防干扰能力，要求在电源电压变化正负15％条件工作正常；系统待机时功耗应不大于0.6mW。

固态存储性能要求：①存储容量：存储记录数据不小于400d（每日记录数据不小于6次，不超过3参数）；②存储数据种类：仪器所测参数；③存储记录数据准确性：存储记录的数据正确无遗漏，且与自报数据相一致，数据正确率达100％；④时钟误差：不大于±10s（10d）。

设备防护要求：①外观：仪器外表面应无锈蚀、裂纹及涂敷层剥落等现象；文字标志应清晰完整；②结构：机械紧固部位应无松动；塑料件不应出现起泡、开裂、变形；电气接点应无锈蚀；各种电缆、气管、部件之间的接头应可靠且方便装拆；③密封性能：水下部分压力式水位计，外壳防护等级满足IP68要求；浮子式水位计，空心浮子完全浸入60℃水中，1min内无气泡；井内部分外壳防护等级满足IP67要求；④地面设备：外壳防护等级满足IP55要求。

电源要求为干电池/锂电，水位计在每日"六采一发"要求下，电池可用寿命不少于2年。

5. 水质监测设备

岩溶水水质一般采用人工监测方式，但水质自动监测设备也已应用在部分项目中。因此在监测站建设过程中，可以在部分监测站部分监测项目采用自动监测方式，自动监测设备一般采用一体化电极法水质仪，一体化产品的测量电极、测控电路、数据存储器、电源等部件是一整体，在水下自动完成测量、记录，通过专用电缆读取数据和遥测传输。

自动监测设备监测项目除 pH 值、溶解氧等常规指标外，还可同时监测亚硝酸盐氮、COD、BOD、TOC、DOC、UV254、苯类、色度、浊度或悬浮浓度等。主要分析参数及技术指标见表 3-1。

表 3-1　主要分析参数及技术指标

项目	原理	量程范围	准确度	分辨率
pH 值	电极法	0～14	±0.2	0.01
溶解氧/(mg·L⁻¹)	电极法	0～20mg/L	0～8mg/L 时为±0.01mg/L，大于8mg/L 时为±0.02mg/L	0.01mg/L 或 0.1mg/L
电导率/(Ω·cm)	电极法	0～100mS/cm	读数的±1%；±0.001mS/cm	0.0001mS/cm
氯化物/(mg·L⁻¹)	电极法	0.5～18000mg/L	大于读数的±5%或±2mg/L（常规）	0.0001mg/L
硝酸盐（以 N 计）/(mg·L⁻¹)	电极法	0～100mg/L	大于读数的±5%或±2mg/L（常规）	0.01mg/L
铵/氨（NH₄）/(mg·L⁻¹)	电极法	0～100mg/L	大于读数的±5%或±2mg/L（常规）	0.01mg/L
亚硝氮、COD、BOD、TOC、DOC、UV254、苯类、色度、浊度、悬浮浓度	光学法	0～3000NTU	100 NTU 以内为±1%，100～400NTU 为±3%，400～3000NTU 为±5%	400NTU 以内为 0.1，400～3000NTU 为 1.0

6. 仪器设备安装

设备安装流程主要包括制定安装预案、仪器室内测试、仪器设备现场安装。

（1）制定安装预案。

1）设备组成部分。

a. 地下水自动监测采集、存储和数据传输设备。

b. 不锈钢支架，用于将监测设备固定于井口。

2）方案设计概述。

a. 不锈钢支架支撑和仪器固定。

b. 仪器数据处理及信号发送部分处于井口上方 200mm 距离。

c. 为方便井下其他仪器设备导线引出，特设计在不锈钢支架下板开引线槽。

d. 为防止定位卡头焊接不良特增加一个不锈钢螺栓，以达到双重保护目的。

3）安装基本要求。

a. 满足仪器测量数据准确，信号传输稳定。

b. 要求传感器及电缆线做防护装置，对于改建井，避免井下其他物体对仪器的影响。

c. 应满足仪器安装维护检查的方便。

（2）仪器室内测试。

为了设备安装工作的顺利进行，设备进场安装前，对每台设备进行简易室内测试，测试内容主要包括水位测量、数据传输，测试过程如下：

a. 取用 50cm 高量筒，加入 40cm 深的水。

b. 按照室内测量方法填写表 3-2。

表 3-2   仪器室内简易测试记录表

仪器属性	型号		测试日期	
	编号		地点	
	线缆长度/m			
组　　　套（同时测量）			测试数据假定高程	
传输间隔			数据传输起始时间	
时间	测量间隔/min	人工测量水位/m	仪器测量水位/m	人工测量水温/℃	仪器测量水温/℃

验收结论：

服务工程师：　　　　　　验收人：

服务单位：　　　　　　　验收单位：

c. 5 台仪器可以同时测试，测量数据至少 6 组。

d. 仪器测量值和人工测量值做到无偏差。

e. 对仪器按照要求进行设置。

经过室内测量，确认设备具备正常工作能力后，再运抵现场进行安装。

（3）仪器设备现场安装。

a. 将不锈钢支架放入井内。

b. 将定位尼龙垫放置于支架上端。

c. 将仪器探头从支架上端放入井内，探头务必放入保护套内侵入水中，并使得仪器上端卡在定位尼龙垫上。

d. 通过笔记本电脑接口连接仪器，并设置参数。

e. 盖好井盖经过一段时间观察仪器测量值是否传输成功。

f. 填写仪器现场安装记录表，见表3-3。

表 3-3　　　　　　　　　　　　自动监测站仪器现场安装记录表

监测站静态属性	监测站名称		所属水资源分区			所属区县	
	监测站地址						
	井编号		东经			北纬	
	地面高程/m		孔口高程/m			钻孔深度/m	
	设备型号				设备编号		
	仪器电缆总长度/m		水下电缆长度/m				
现场情况说明							
监测站动态属性	人工实测设备				人工实测水位/m		
	自动监测仪器测试数据						
	仪器设置记录			接收记录			
	时间	测量间隔	传输间隔	时间		水位/m	水温/℃

安装测试：_____

检查：_____

安装时间	年　　　月　　　日

井口保护设施水位监测站设备安装图见图3-10。有水质监测项目的监测站，设备安

装情况基本同图3-10，只是加上水质传感器。将数据传输设备以悬挂的方式固定在井口保护设施内的挂钩上，检查悬挂是否牢固，传输信号是否畅通。

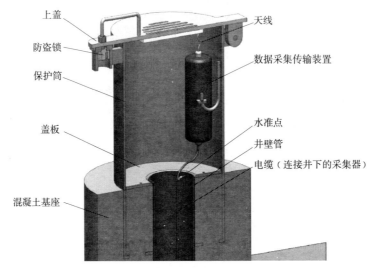

图3-10　水位水温监测设备安装结构图

3.2.3.2　开采量监测站

岩溶水开采一般为集中供水水源地，岩溶水井的开采量基本全部监测，新增的开采井一般供生活用水，开采量也是被计量的，因此，现阶段不需要建设专门开采量监测站网。

3.2.3.3　泉流量监测站

泉流量监测站建设主要介绍监测设施类型、设备选型。

1. 监测设施类型

泉流量监测通常采用量水堰，堰型一般包括矩形薄壁堰、巴歇尔槽。

（1）矩形薄壁堰。设计矩形薄壁堰流量测量范围为$0.004\sim0.540\mathrm{m^3/s}$，所用混凝土强度等级为C25，抗渗等级S4；堰槽翼墙墙背填料根据附近土源，选用抗剪强度高和透水强性强的砾石或砂土，夯实度不得小于0.95；堰槽翼墙的转折部位与建（构）筑物连接处设沉降缝，缝宽度20mm；止水采用651C型橡胶止水带，迎水面采用沥青玛琦脂填缝，背水面采用聚苯乙烯板嵌缝。

矩形薄壁堰的水头测量断面设置在堰顶上游距堰板4～5倍最大水头处，在堰槽的侧壁做一内凹竖槽，用于安装量水堰计。

矩形薄壁堰典型设计见图3-11。

（2）巴歇尔槽。巴歇尔槽方案分为A、B两种，流量测量范围分别为$0.045\sim2.5\mathrm{m^3/s}$和$0.025\sim1.1\mathrm{m^3/s}$，喉道宽度分别为1.5m和0.75m，均在槽外设置观测井，观测井底比槽槛低0.2～0.25m，观测井与量水槽用平置的金属管或PVC管连通。

方案A、B采用混凝土强度等级为C25，抗渗等级为S4；堰槽翼墙墙背填料，选用抗剪强度高和透水性强的砾石或砂土，夯实度不得小于0.95；堰槽翼墙的转折部位、与其他建（构）筑物连接处应设沉降缝，缝宽度20mm；止水采用651C型橡胶止水带，迎水面

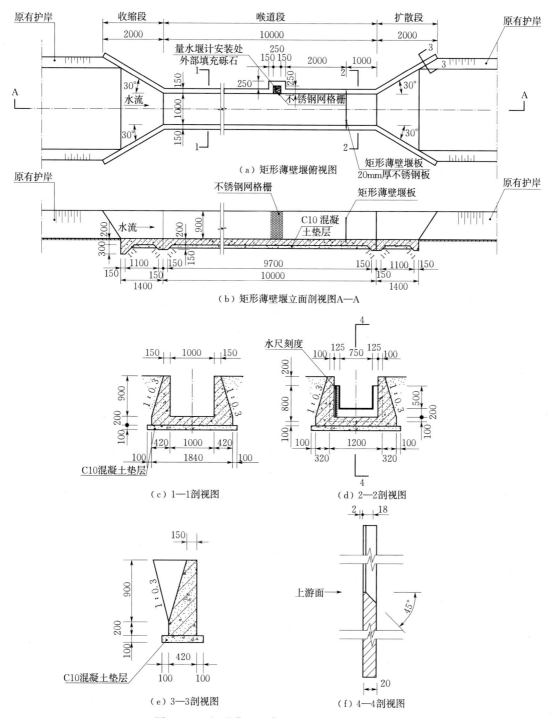

（a）矩形薄壁堰俯视图

（b）矩形薄壁堰立面剖视图A—A

（c）1—1剖视图

（d）2—2剖视图

（e）3—3剖视图

（f）4—4剖视图

图3-11　矩形薄壁堰典型设计图（单位：mm）

采用沥青玛琋脂填缝，背水面采用聚苯乙烯板嵌缝。

在自由流状态下，巴歇尔槽只需观测上游水头；在淹没状态下，需要同时观测上游水头和喉道断面水头。喉道中的水流相当紊乱，观测时应建立静水井。超声波探头或浮子水位计安装在静水井上方，见图 3-12。

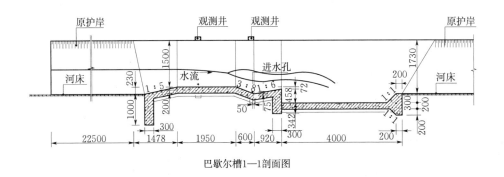

巴歇尔槽1—1剖面图

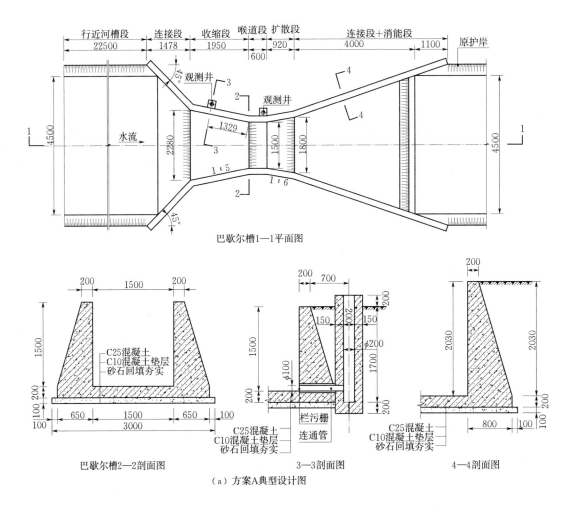

巴歇尔槽1—1平面图

巴歇尔槽2—2剖面图　　　3—3剖面图　　　4—4剖面图

（a）方案A典型设计图

图 3-12（一）　巴歇尔槽典型设计图（单位：mm）

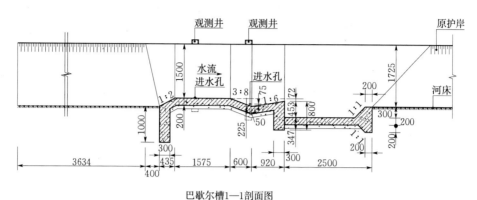

巴歇尔槽1—1剖面图

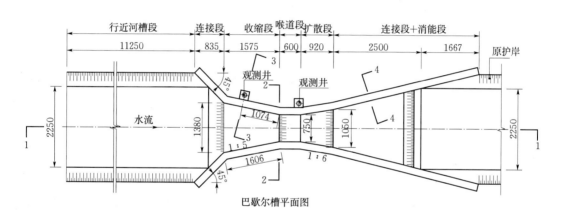

巴歇尔槽平面图

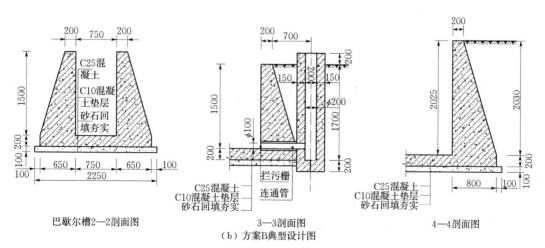

巴歇尔槽2—2剖面图   3—3剖面图   4—4剖面图

（b）方案B典型设计图

图3-12（二） 巴歇尔槽典型设计图（单位：mm）

2. 设备选型

流量站的技术装备主要包括水位计（量水堰计）、RTU、电源设备、避雷器等，太阳能浮充蓄电池或内置电源供电方式。

水位计可以使用浮子式水位计或量水堰计。水位计分辨力为 1mm；基本误差≤±3mm（水位变幅 1m）。遥测终端机 RTU 技术指标同水位站。电源采用干电池或锂电，电池容量要求在每 10min 采集 1 次，每天 8 时或当水位达到设定水位变幅阈值并实时自报情况下，使用寿命不少于 1.5a，高寒地区宜采用干电池。

3.2.3.4　水样采集与检测

监测站建设过程中，为掌握监测井和泉水水质背景值，需完成水样采集，并进行水质分析。化验项目为《地下水质量标准》（GB 14848—1993）中确定的 20 项主要指标与地下水中的 8 项主量元素（其中两项重复），监测项目共 26 项，分别是：pH、氨氮、硝酸盐、亚硝酸盐、挥发性酚类、氰化物、砷、汞、铬（六价）、总硬度、铅、氟、镉、铁、锰、溶解性总固体、高锰酸盐指数、硫酸盐、氯化物、大肠杆菌、钾、钠、钙、镁、碳酸根离子以及重碳酸根离子。

3.2.3.5　高程引测和坐标测量

高程引测和坐标测量是监测站建设的重要基础工作，高程测量水准基面采用 1985 年国家高程基准。监测站高程和坐标测量可采用 GPS 测量和水准测量方式，测量条件较好的地区，优先选用 GPS 测量。GPS 测量精度应达到《全球定位系统（GPS）测量规范》（GB/T 18314—2001）中 E 级以上精度要求；水准测量标准应达到《国家三、四等水准测量规范》（GB 12898—91）中四等水准测量精度要求。

3.2.3.6　监测站信息采集传输

岩溶水水位监测站，参照《地下水监测工程技术规范》（GB/T 51040—2014）等相关技术要求，采用"测六报一"的方式，定时采集，由采集设备控制，每天 8 时、12 时、16 时、20 时、24 时、4 时采集水文要素，8 时通过传输设备定时发报 1 次。

泉流量监测站通过监测堰槽水位监测流量数据，每 10min 采集 1 次，每天 8 时或当水位达到设定水位变幅门限时，实时自报。

水质自动监测站 5 天采集 1 次数据，采集及报送数据时间是每月 1 日、6 日、11 日、16 日、21 日、26 日 8 时。

采用电池供电的监测站除报送水位水温等监测信息外，还应报送电源状态，即电源的电压。

各类监测站均应具备信息双向传输功能，即除监测站自动向监测中心传输数据外，监测中心还能向监测站发送指令调取指定的监测数据。采用太阳能浮充供电的监测站可实时招测，监测站接到监测中心指令后当即向监测中心传输其要求的数据；采用电池供电的监测站，在 8 时设备上电向中心定时传输数据时响应监测中心指令，向监测中心传输其指令要求的数据。通信信道采用 GPRS，可采用数据传输专用的物联网。

3.3 施工组织

3.3.1 施工条件

岩溶水监测站一般工程分布在郊外或山间，工程项目通常比较分散，施工条件差异较大，施工组织管理难度大、成本高。单项工程建设规模小，且具有独立的施工条件，各监测站可分别组织平行施工。

（1）交通运输条件。岩溶水监测站建设最大的特点是站点分布范围广、条件差异大。根据各地交通特点决定工程建设中所采用交通方式，一般可通过汽车方式采购和运输所需建筑材料及相关仪器设备。

（2）水、电供应条件。根据现场建设条件，施工用水可采用自备设备抽取附近河水、民用井井水和自来水，具体由施工方根据现场条件自行选择；施工用电主要由施工方采用自备电源发电方式解决。

（3）建筑材料供应条件。因各单项工程量小，所需的钢管、砾料、水泥、石料、土料等各种建筑材料量较少，主要在施工场所就近就地解决。

（4）施工场地。施工场地的临时占地应满足钻机的安装、材料的堆放以及钻井过程中产生的泥浆清理需要。

（5）施工队伍。承担地下水监测站工程建设的施工单位必须具有相应钻井资质。

3.3.2 施工占地

岩溶水监测站建设占地分为永久占地和临时占地。单站永久占地一般按 4m² 计算。单站临时占地一般按 200m² 计算。通过单站永久占地和临时占地数量可以核算建设区域总占地面积。

3.3.3 施工布置与进度

3.3.3.1 施工布置

岩溶水监测站施工场地分散，施工区施工布置应坚持节约用地、方便施工的原则，可以分地区多站同时开展施工。

1. 施工现场布置

施工现场典型平面布置示意图见图 3-13。岩溶水监测站建设时间相对较长，必须专门设置相关区域。

2. 临时施工道路

岩溶水监测站施工临时道路主要采用现有道路，一般不新建临时施工道路；对确需修建临时施工道路的，考虑工程施工期较短，只需对原有路面进行简单平整满足车辆进入施工现场的要求即可。施工道路满足材料、钻机、施工用水等运输要求。

3. 施工场地平整

施工人员进入现场后立即开展场地平整工作，并根据现场实际情况，对工程施工范围

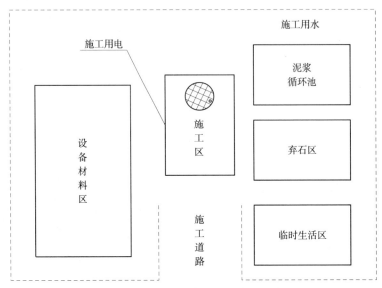

图 3-13　施工现场典型平面布置示意图

内阻碍施工的各种障碍物进行清理。

4．施工用电、用水

施工用电由施工方根据现场条件自行解决，主要考虑采用自备电源。施工用水由施工方根据现场条件自行解决，可采用河水、井水或自来水。施工用电、用水所需费用由施工方自行承担。

5．施工场地清理

施工现场清理主要为工程建设后期的处理工作，包括对工程进行场地修整完善，现场弃土、弃泥及临时性施工废弃物、临时施工建筑物等清理施工内容。该工作由施工方负责解决。

3.3.3.2　工程进度安排

由于岩溶水监测站建设工程投资规模一般较大，且建设地点分散，全面建设管理难度相对较大。为保证工程建设质量和单个测站能及时发挥作用，工程建设将采用分期实施方案来控制工程进度。一般在按年度划分工期基础上再根据工程进展要求细化至季度，并规定每季度完成总体工程量的百分比，在此基础上绘制工程实施进度计划图。

3.3.4　主要材料供应

根据核定的各类建设测站数目，工程建设施工需各类管材、钢管、滤料以及保护设施所需石料、钢筋、砖、水泥等主要建筑材料和监测设备、传输设备、供电、防雷等。因各单项工程量小，所需的钢管、砾料、水泥、石料、土料等各种建筑材料量可在施工场所就近解决或集中购买。

所购买材料均应具备产品合格证书，对所购买材料的数量、质量需通过监测方的现场验收，且需填写相关书面验收单，经过验收的材料才可用于监测井施工。

现场施工所需施工机械和设备主要包括钻机、空压机、电焊机、泥浆搅拌机、挖掘机、钢筋切断机、载重汽车、插入振捣器、平板振动器、蛙式打夯机及全站仪等，均由施工方自行解决。

3.3.5 水位监测站施工工艺

3.3.5.1 钻进

（1）钻进前应对各个钻机的安全设施进行检查维修，保证钻塔的稳固、平整，防止水平位移或不均匀下沉，满足施工的需要。钻机就位后，钻塔天车、钻盘、钻孔中心三点应成一直线。

（2）钻进时应合理选用钻探参数，必要时应安装钻铤和导正器。随时测量孔斜度，及时纠正。钻具的弯曲、磨损应定期检查，不合格者严禁使用。

（3）基岩顶部的松散覆盖层或破碎岩层，应采用套管护壁。

（4）井身应圆正、垂直。井身直径不得小于设计井径。不大于100m的井段，其顶角的偏斜不得超过1.0°；大于100m的井段，每100m顶角偏斜的递增速度不得超过1.5°。井段的顶角和方位角不得有突变。

（5）每钻进50m、100m和钻进至主要含水层及终孔时，均应使用钢卷尺校正孔深。

（6）在各种地质单元均选取典型监测井进行岩芯样采集，保证钻井揭露的同一种岩性岩石层至少采集1个岩芯样。

（7）凿进至设计深度后，应进行电测井，再结合地层分析含水层厚度，进行水量初步估计。

3.3.5.2 疏孔和换浆

（1）监测井的上部松散层井孔在终孔后应用疏孔器疏孔，使井孔圆直，上下畅通，疏孔器外径应与设计井孔直径相适应，长度应在6~8m之间。

（2）利用钻具将稀泥浆压入孔底，由下而上将孔内稠泥浆逐渐顶替全部换成稀泥浆（或清水）。

3.3.5.3 井管安装

（1）井管安装前，要进行电测井；根据钻进中取得的地层岩性鉴别资料及电测井结果，核定监测井结构设计中井壁管、过滤管、沉淀管的长度和下置位置；检查井管质量，确保每节井管均符合质量要求；疏孔、换浆工作完成后，应立即进行井管安装。

（2）下管方法应根据管材强度、下置深度和起重设备能力等因素选定。当井管的自重或浮重小于井管的允许抗拉和起重设备的安全负荷时，可采用提吊下管法；当井管的自重或浮重超过井管的允许抗拉力或起重设备的安全负荷时，宜采用托盘下管法或浮板下管法。

（3）井管的连接应做到对正接直、封闭严密，接头处的强度应满足下管安全和成井质量的要求。过滤器安装位置的上下偏差一般不超过300mm。

（4）井管必须直立于井口中心，井管的上端口保持水平；相邻两节井管的结合紧密并保持竖直。

（5）每个监测井的沉淀管要封底。

（6）井壁管高于地面 500mm。

3.3.5.4 填砾与封闭止水

（1）井管安装到位后，立即进行填砾及止水工作。

（2）滤料应选择磨圆度良好的砂和砂砾石，严禁使用棱角碎石；不应含土和杂物；应自滤水管底端以下不小于 1m 处充填至滤水管顶端以上不小于 3m 处；滤料一般需准备一定余量。

（3）填砾方法一般采用动水投砾边冲边填法，要求大泵量慢投砾，杜绝中途搭桥，实际投砾方量大于计算方量。

（4）封闭和止水黏土球应用优质黏土制成，直径应在 20～30mm 之间，并应在半干状态下缓慢、连续投入。

（5）井上部黏土封孔，防止污染。在距地面 200mm 以下，对井口管外围采用钢筋混凝土进行封闭。

（6）封闭止水后，应检验封闭和止水效果。

3.3.5.5 洗井

根据各地区含水层岩性特征、监测井结构和井管管材的实际情况，钢管采用活塞或空气压缩机洗井。洗井一般需符合下列要求：

（1）成井后必须及时进行洗井。

（2）洗井方法和工具，可按井的结构、管材、钻井方法及含水层特征选择，应采用不同的洗井工具交错使用或联合使用。

（3）连续两次单位出水量之差小于其中任何一次单位出水量的 10％。

（4）洗井出水的含砂量的体积比小于 1/20000，洗井效果达到水清砂净。

（5）洗井后进行透水灵敏度试验，实验结果符合《地下水监测工程技术规范》（GB/T 51040—2014）。

（6）井底沉淀物厚度应小于井深的 5‰。

3.3.5.6 抽水试验

（1）监测井一般采用单孔稳定流抽水试验。

（2）抽水试验前，应设置井口固定点标志（井管顶部适当位置）并测量监测井内静水位。

（3）抽水试验的水位降深次数应根据试验目的确定，一般为 3 次降深。其中最大降深值为潜水含水层厚度的 1/3～1/2（对潜水完整井从含水层底板算起水柱高度，非完整井从孔底水柱高度），承压水一般应降至含水层顶板；其余 2 次下降值应分别为最大降深值的 1/3 和 2/3。

（4）抽水试验的稳定标准，应符合在抽水稳定延续时间内，抽水孔出水量和动水位与时间关系曲线只在一定的范围内波动，且没有持续上升或下降趋势的要求。

（5）抽水试验时，动水位和出水量观测的时间应在抽水开始后的 1min、2min、3min、5min、10min、15min、20min、25min、30min 各测 1 次，以后每隔 30min 测 1 次。

（6）水位的观测，在同一试验中应采用同一方法和工具。抽水孔的水位测量应读数到厘米。

（7）出水量的测量，采用堰箱或孔板流量计时，水位测量应读数到 mm；采用容积法时，量筒充满水所需的时间不应少于 15s，应读数到 0.1s；采用水表时，应读数到 0.1m³。

（8）抽水试验时，应防止抽出的水在抽水影响范围内回渗到含水层中。

（9）抽水试验终止前，应完成水样采集，并进行含砂量的确定〔管井出水的含砂量（体积比）不得超过 1/20000〕和水质分析。

3.3.5.7　辅助设施

1. 井台（基座）施工

井口基础设施须现场浇筑，使其和井管牢固地固定在一起。用钢筋混凝土浇筑，施工工序如下：槽底或模板内清理→混凝土拌制→混凝土浇筑→混凝土振捣→混凝土找平→混凝土养护。

2. 井口保护装置

为避免设备被破坏或浸水，在井口安装一体化防护装置，设置防护装置应满足下列要求：

（1）锁具。使用专门设计的不锈钢锁具，其他常规工具不能打开，需要使用用户唯一的开锁工具。

（2）通信盖板，使用专业材料，抗冲击、抗老化、耐腐蚀、耐高温低温。

（3）通气孔设计。做成暗藏式。

（4）外涂料。专业除锈处理后的喷涂，喷涂醒目颜色。

（5）安装。要把防护装置和观测井管牢固地固定在一起，并做到不影响无线信号质量。

（6）景观。应根据现场使用环境，制作专业景观进行美化，使观测井防护装置与环境协调和艺术化。

3. 水准点

水准点是地下水监测井的基础设施，是校核地下水位的重要高程基准。水准点一般采用以下两类形式。

（1）第一类，水准点桩为钢筋混凝土结构梯形柱体，基础埋置于最大冻土深度以下，无冻土基础埋至 400mm，顶部高出地面 150mm，混凝土保护层厚度均为 30mm，水准点为抗腐蚀的金属柱体，见图 3-14。

（2）第二类，水准点埋于地下，需设置水准点指示桩。指示桩埋于水准点正北方向 1.5m 处，采用 C25 混凝土浇筑，露出地面部分标注水准点编号及位置指示箭头，以便于测量时快速确定水准点位置，见图 3-15。水准点钢管内灌满水泥砂浆，表面涂抹沥青，并用旧布和麻线包扎，再涂一层沥青，上覆盖板。

4. 井口固定点标志（MP）

在人工测量地下水水位时，将测尺或悬锤式水位计放入测井中，当其下端测锤到达水面时，需要读出在井口某一标记处的测尺上的刻度读数，此标记在《地下水监测站建设技术规范》（SL 360—2006）中称为井口固定点标志，国际标准将这一标记称为 MP（Measureing Point），以下简称 MP 点，就是井口处的水位测量基准点。在这一监测井上所有的地下水水位测量都以此测量点为基准。

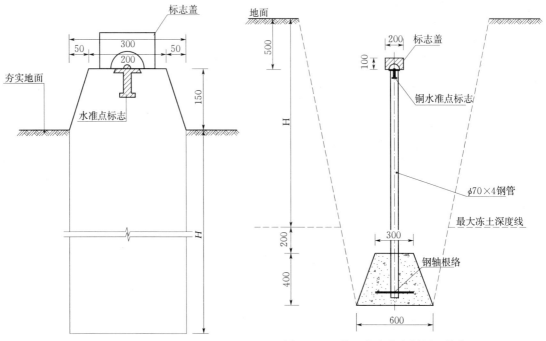

图 3-14　第一类水准点样图（单位：mm）　　图 3-15　第二类水准点样图（单位：mm）

　　MP 点对于地下水水位监测值的可靠性和准确性非常重要。MP 点应该固定，具有清晰的标志，在该测井的资料上要有清楚的说明，说明其位置、设置过程、是何型式以及高程测量记录。MP 点应该很容易对测尺定位（读数），同时便于本身高程的测量，应用方便，不易遭破坏。

　　自动监测设备安装在托盘上表面，提供了一个相对方便的水位测量基准点位置，可以作为 MP 点的设计位置，托盘表面应该水平、平整，也可以将托盘上表面的某一处作为测量基准面，见图 3-16。

图 3-16　井口固定点标志

5. 标示牌

标示牌是监测站点非常重要的组成部分，在监测管理工作中非常重要，对监测站起到保护与宣传的作用。标示牌的材料应防风蚀雨蚀。标示牌规格一般不小于长 500mm、宽 300mm、厚 2mm，标示内容包括标题、警示语、监测站名称、监测项目、设置日期、管理单位、联系电话，标示牌设计应项目美观，安装于测站醒目处，如锚固于监测井保护筒外侧。

3.3.5.8 原始记录与技术档案

原始记录及技术档案应用钢笔填写，不得任意涂改或追记，做到及时、真实、准确、整洁、齐全。

(1) 钻探班报表是钻探施工最基本的原始记录，必须认真填写。班报表必须反映钻探施工生产技术活动的全过程，总台班的时间是连续的，即从安装开孔到完孔拆迁期间，不能出现时间的中断，同时内容必须详细、齐全、清晰。

(2) 施工技术档案，主要包括表 3—4 所列表格和内容。

表 3—4 水 位 站 施 工 成 果 表

序号	内容	序号	内容
1	钻孔设计书	9	静止水位测定记录
2	钻孔成果综合图表	10	恢复水位记录
3	测斜记录表	11	$Q—t$ 及 $s—t$ 关系曲线；$Q=f(s)$；$q=f(s)$ 关系曲线
4	校正孔深记录		
5	止水检查记录表	12	电测井解释图表及测井曲线图
6	洗孔记录表	13	岩、土样取样记录表
7	抽水试验成果表	14	钻孔终孔验收书
8	抽水试验记录表		

3.3.6 泉流量站施工

对于流量小于 $0.5m^3/s$ 的岩溶泉水监测站，在现场施工放样的基础上，采用预制厂或实验室预制钢筋混凝土预制构件，运至现场进行施工和安装埋设。流量大于 $0.5m^3/s$ 的泉水监测站，则采用钢筋混凝土现场浇注的方式进行施工建设。具体施工工序如下：

(1) 确定堰槽安装或浇筑位置。堰槽中心线要与泉出流方向一致。

(2) 做好基础处理，保证安装质量，不致发生倾覆、滑动、断裂、沉陷和漏水情况。位置条件不好时，在安装量水堰槽前要进行一些修整。

(3) 堰槽浇筑与堰板安装。利用模具浇筑混凝土计量槽，要保证顺直、均匀、比降不变，确定泉的最大流量，保证计量槽长度为最大流量时最大水面宽度的 5~10 倍，并预留量水堰计的位置。

堰口宜用整体金属构件，并嵌入混凝土中。堰板用不锈钢、低碳钢或铸铁等材料制作。堰板或玻璃钢量水槽的外尺寸要尽可能合适，以便带水安装时，能稳定牢固。保证堰顶光洁，堰顶用优质水泥抹面或用优质不腐蚀材料整饰表面。

在浇筑堰槽时，各部位尺寸的允许误差满足：①喉道底宽小于0.2%，且不大于0.01m；②喉道水平表面的水平偏差不大于长度的0.1%；③喉道两竖直表面之间的宽度不大于0.2%，且不大于0.01m；④喉道底部的平均纵、横向坡度不大于0.1%；⑤喉道斜面坡度不大于0.1%；⑥喉道长度不大于1%；⑦喉道以上的进口渐变段柱面或锥面的偏差不大于0.1%；⑧喉道以上的进口渐变段水平表面的水平偏差不大于0.1%；⑨喉道以上的出口渐变段水平表面的水平偏差不大于0.3%；⑩其他竖直或倾斜表面的平面或曲面偏差不大于1%；⑪衬砌的行近槽底部的平面偏差不大于0.1%。

在浇筑堰时，各部位尺寸允许偏差满足：①堰顶宽的允许误差为该宽度的0.2%，且最大绝对值不大于0.01m；②堰顶的水平表面允许倾斜偏差为堰顶水平长度的0.1%的坡度；③堰顶长度的允许偏差为该长度的0.5%；④控制断面为三角形或梯形的横向坡度允许偏差为该坡度的0.1%～0.2%；⑤堰的上下游纵向坡度的允许偏差为纵向坡度的1%；⑥堰高的允许偏差为设计堰高的0.2%，且最大绝对值不应大于0.01m。

（4）量水堰计安装。量水堰计应安装在堰板的上游不小于100cm处，在堰槽的侧壁做一内凹竖槽，在底部开一个安装洞。将量水堰计的防污管安放在安装洞内用混凝土浇筑固结，浇筑高度不得大于10cm，防止砂浆进入防污管。防污管安装时为保持管体垂直请用上端盖上的水平泡调整上端面水平。安装时防污管内严禁杂物进入。

3.3.7 信息采集、传输与接收系统施工

3.3.7.1 设备安装前的检查与准备

（1）设计采用信息采集与传输一体化的自动监测设备，安装设备前全面检查各项土建工程是否符合设计要求，原设备安装计划是否可行，并根据检查结果提出应进行的补充工作，拟定详细的设备安装计划。

（2）对各项设备及附件的机械和电气性能进行全面检查、测试和联试。应检查蓄电池、各类传感器、天线、避雷器、电缆，交流稳压电源、不间断电源、通信设备等。

3.3.7.2 设备安装

设备安装应按照设备使用说明书要求安装和调试，施工质量要符合以下要求：零部件应齐全、清洁、完好；监测井设备应有明显的标识；不同回路、不同电压等级和交流电与直流电的电线不应穿在同一护管内，管内不可有接头，接线处应用接线盒；自动监测站的传感器与终端通信及终端与中心站通信的数据传输规约应该符合《水资源监测数据传输规约》（SZY 206—2016）规定。

3.3.7.3 设备的校验和调试

设备的调试工作在设备的安装中或结束后进行，调试工作需按照使用说明书和相关标准的要求安装和调试。

自动监测传输设备安装完成后，在监测中心和监测分中心分别安装前置机及接收系统，并与公网连接接收信息。随时查询接收的情况以及数据准确度，若不能传输或传输数

据不准确，应及时查明原因并排除故障。

3.3.8 施工安全

3.3.8.1 钻进安全措施

（1）施工机械设备的安全装置必须齐全和处于良好状态。对裸露的传动部位或者突出部位要装防护罩或防护栏杆。

（2）各种机械电器设备都要按制度要求维护保养。施工期间应经常对机械设备、塔架、提引系统进行安全检查；设备运行时，不得拆卸和检修。不准跨越防护栏杆或传动部位。

（3）卷扬机上的钢丝绳要有足够强度。操作卷扬机时，严禁用手扶摸钢丝绳和卷筒，并要与孔口、塔上操作者密切配合。上下钻具时应慢提轻放，不得猛刹、猛放。孔口操作者拖插垫时，手要握垫叉柄；抽出或插好垫后，应站到钻具起落范围以外安全位置。

（4）水龙头、高压胶管要有防缠绕和防脱落装置，钻进中不准以人力扶水龙头或高压胶管。机上修理水龙头时，要切断电源或切断动力，并把回转器手柄放在空挡位置，防止失误触动手柄导致主杆回转伤人。

（5）要做好恶劣天气条件下的安全防护工作。

3.3.8.2 其他安全措施

（1）电线架设一律采用三相五线制，保护零及接地电阻不大于10Ω。电线、电缆必须绝缘良好，并架高敷设，架空线架设离地面4m以上，电缆架空2.5m以上。采用松木电杆，尾径不小于6cm，间距15m。

（2）配电箱、开关箱一律采用标准电箱，门锁齐全、防雨防砸。电箱的安装周正、稳固，离地面12cm以上。

（3）开关箱与设备实施"一机一闸一保险"，标明用途，熔丝的配置相匹配，不得替代。不准以插接形式连接电器设备和设施。

（4）现场线路用绝缘材料固定，不随地拖拉或绑在机具上，不使用有老化现象的电线、电缆，露天照明不使用花线或塑料胶质线，过道电线应有过道保护。

（5）现场施工用电经常检查，对不安全因素及时处理，并履行复检验收手续。

（6）使用电器不超负荷（包括电线）。

3.4 建设与运行管理

3.4.1 建设管理

岩溶水监测工程属于点多、面广、线长的基础性、公益性项目，一般应组建管理机构，确定管理依据，明确管理职责和具体管理内容。

3.4.1.1 管理机构及职责

1. 领导小组

指导、监督监测工程的项目建设工作，协调解决监测工程建设中的重大问题。

2. 项目法人

全面负责监测工程的建设管理，对工程的计划执行、项目实施、资金使用、质量控制、进度控制、安全生产等负总责，确保工程安全、资金安全、生产安全。

（1）根据项目建设任务与相关管理机构签订授权书，明确建设内容、管理权限和责任；与相应部门签订委托书，明确建设内容、管理权限和责任。

（2）根据监测工程年度投资计划，确定相关部门建设任务。

（3）工程具备开工条件后，确定工程开工时间，报项目法人备案。

（4）负责监测工程的招标投标工作，由项目法人审签招标合同。

（5）建立工程建设进度报告制度，按照基建项目有关规定指派专人收集项目建设情况，整理旬、月、年工程建设进度表。

（6）对监测工程的质量控制、安全生产负总责，主动接受工程质量监督机构的监督检查。

（7）对资金进行集中管理，统一支付资金；根据下达的年度投资计划，组织编制年度预算上报；于当年投资计划下达前，按照报送的项目实施方案开展工程建设前期准备工作，确保工程资金支付进度。

（8）审核分项工程竣工财务决算，组织资金的使用与资产管理情况的自查工作，上报项目法人审查、审计和审核本工程竣工财务决算。

（9）指导项目的竣工验收、合同验收和分项工程验收工作。

（10）工程竣工验收合格后项目法人需及时办理资产交付使用和产权登记手续，并依据项目竣工财务决算批复进行账务处理。

（11）定期派人深入现场对项目建设进度、质量控制和资金管理等情况进行监督检查，可根据需要成立专家委员会，组织专家进行指导。

3. 监测工程项目办

在领导小组的指导协调下，在项目法人的领导下，具体负责工程项目建设管理工作。

（1）负责组织审查工程的总体和年度实施方案；根据工程建设进度安排以及相关需求与前期工作实际情况，提出年度投资建议计划。

（2）对站网局部调整、重要仪器设备和材料技术指标等一般设计变更情况组织专家审查，对单站井深和附属设施等一般变更进行审核。

（3）负责对各级工程招标文件进行审核，组织工程所需的通用软件开发等集中采购事项。

（4）定期对工程质量和安全生产情况进行检查，并不定期进行抽查。

（5）负责编制单项工程的竣工财务决算，汇总、编制本工程竣工财务决算，具体实施本工程资金使用与资产管理的自查工作，并配合上级和有关部门的检查与审计。

（6）承办工程合同验收和单项工程验收工作，指导检查下级管理单位及合同承担单位的具体合同验收工作。

4. 监测工程委托管理机构

岩溶水监测工程一般高度分散，工程实施中一般委托相关部门负责所辖区域的工程管理工作。

各相关部门受项目法人委托，负责本级工程建设与日常管理工作，协助项目办承办本级项目的招标、合同拟定、资金使用审核等工作及工程建设、安全生产的监督管理。主要职责如下：

（1）在初步设计基础上编制本级工程的总体和年度实施方案。

（2）组织编制本级工程的年度投资建议计划。

（3）按照项目法人委托，协助承办本级工程建设内容的招投标相关工作。

（4）建立工程建设进度报告制度，及时收集项目建设情况上报项目办。

（5）负责本级工程的质量控制、安全生产。

（6）根据法人委托按照招标规定确定监理单位。

（7）负责指导和监督本级工程资金使用与管理，配合上级和有关部门的审计与检查。

（8）负责本级工程合同验收工作，配合项目法人做好单项工程验收。

3.4.1.2 建设管理依据

建设管理依据一般包括相关部委的指导性文件等，主要依据如下：

（1）《关于水利工程建设、施工为管理创造必要条件的若干规定》（水管字〔1981〕第73号）（SL J706—81）。

（2）《水利工程建设项目实行项目法人责任制的若干意见》（水建〔1995〕129号）。

（3）《水利工程建设项目施工招投标管理规定》（水建〔1995〕130号）。

（4）《水利工程建设建设监理规定》（水建〔1996〕396号）。

（5）《水利部关于印发水文基础设施项目建设管理办法的通知》（水文〔2014〕70号）。

（6）《水文设施工程施工规程》（SL 649—2014）。

（7）《水文设施工程验收规程》（SL 650—2014）。

（8）《地下水监测站建设技术规范》（SL 360—2006）。

（9）《国家发展改革委关于国家地下水监测工程可行性研究报告的批复》（发改投资〔2014〕1660号）。

3.4.1.3 建设管理内容

1. 贯彻落实"四项制度"

严格按照基本建设程序组织实施，执行项目法人责任制、招标投标制、建设监理制和合同管理制等制度。

项目法人应对项目的建设与管理实行全过程负责制度。

按照《中华人民共和国招投标法》、水利部《水利工程建设项目招投标管理规定》以及《工程建设项目施工招标投标办法》等有关规定以公开招标方式确定施工单位。

按照国家有关规定及水利部《水利工程建设监理规定》（水建管〔1999〕637号）实施监理。建设单位、施工单位、监理单位应按照合同规定全面履行职责。

2. 严格执行设计变更报批程序

工程建设过程中一般不能擅自改变建设规模、建设内容、建设标准和年度建设计划。因施工环境、材料价格变化等原因需要变更设计时，按以下要求办理：

（1）对工程质量、安全、工期、投资、效益产生影响的重大设计变更，由项目法人按规定报原审查单位审查、原审批单位审批。

（2）站网局部调整、仪器设备和材料技术指标等一般设计变更，由相应的部门提出设计变更建议，经项目办同意后，由设计单位进行变更设计，变更设计经项目办审查通过后，项目法人批准实施。

（3）单站井深和附属设施等其他变更，由相应的部门审核后，报项目办核准备案。

3．实行政府采购制

重大或批量设备、软件等的采购与安装，应按照《中华人民共和国政府采购法》实行政府采购。项目办根据情况邀请监察部门参加较大项目的招标全过程。

4．实行建设进度报告制度

项目法人、各相关部门要建立工程建设进度报告制度，按照基建项目有关规定指派专人收集项目建设情况，整理旬、月、年工程建设进度表。各省级相关部门应及时将有关情况报项目办。

5．严格档案管理

建立科学、严格的档案管理制度。项目办、省级相关部门均要指定专人负责档案管理，及时保存工程建设过程中的各种文件（如标准、规范、规章制度、监理报告、设计报告和验收报告等），并建立完整的文档体系。

6．严格资金管理

严格按照基本建设程序、有关财务管理制度和合同条款规定进行资金管理，合理使用资金，根据工程进度按计划拨付，接受审计部门监督。

严格执行《中华人民共和国会计法》《中华人民共和国预算法》《基本建设财务管理规定》《国有建设单位会计制度》等有关法律法规。项目办要按照基本建设会计制度，建立基建账户，做到专门设账、独立核算、专人负责、专项管理、专款专用。

7．实行工程监理制

根据项目特点和建设内容，依照水利部《水文基础设施项目建设管理办法》（水文〔2014〕70号）等相关规定实行工程监理。

工程监理单位应严格履行监理职责，按照合同控制工程建设的投资、工期和质量，并协调建设各方的工作关系。

工程监理采用以主动控制为主的动态控制方法，坚持事前控制、中间检查、事后把关，维护项目法人和承建单位的合法权益，通过合同管理、信息管理和全面的组织协调等手段和措施，达到项目规定的工期目标，实现合同和国家标准确定的工程质量，控制合理的工程投资。

工程监理工作完成后，应向项目法人或项目法人委托部门提交工程建设监理工作总结报告和档案资料。

8．质量管理及保障措施

工程质量由项目法人负责。项目的设计、施工、监理，以及设备、材料等供应单位按照相关规定和合同负责所承担工作的质量，并实行质量终身责任制。政府质量主管部门履行质量监督职责。

监理单位、参建单位有责任和义务向项目法人或相关部门报告工程质量问题。质量管理要求有专人负责，重视施工过程质量管理，定期报告工程质量，责任人和监理人要签字负责。工程建设实行质量一票否决制。

9. 项目验收和移交

项目验收按照《水利工程建设项目验收管理规定》《水文设施工程验收管理办法》等有关规定执行。

项目法人负责组织工程合同验收和单项工程验收工作。项目竣工需编制完成竣工财务决算，并通过审计部门审计后，才能进行项目验收。

项目办承办本级工程合同验收工作，指导检查其他合同验收工作。

相关部门根据授权（委托）负责组织本级工程合同验收工作，配合项目法人做好单项工程验收。

项目的档案验收按照《水利工程建设项目档案验收管理办法》等有关规定执行。对执行合同过程中的设计（初步设计、详细设计）、安装、调试、运行（试运行）及维护和管理等方面的档案文件材料和与其相关的重要电子文档进行验收。

工程竣工验收合格后，项目法人应及时交付使用并按有关规定进行资产交付和产权登记。依据项目竣工财务决算批复进行账务处理。项目竣工验收后，应进行项目后评价。

3.4.2 运行管理

工程建成验收，并经资产登记、核算运行经费后交付生产使用，各使用单位应按照相关要求负责运行管理，并定期进行保养和维护，以保证正常使用，最大限度地发挥投资效益。

工程建成后运行维护管理主要包括各级监测中心、监测站的日常运行和管理、信息采集与传输设施设备的保养与维护、水质定期采样与分析、流量巡测与计算、地下水信息分析评价和成果发布、地下水监测有关技术标准规范的制定、地下水资料的整编和刊印、地下水监测人员技术培训和新技术推广应用、运行管理定额的编制和运行经费的筹措等。

项目法人负责监测中心的日常运行和管理工作；组织指导监测工作；负责信息分析评价和成果发布；组织制定监测有关技术标准规范；组织开展资料的整编和刊印工作；负责监测人员技术培训和新技术推广应用；负责运行管理定额的编制和运行经费的筹措。

各相关部门的主要职责是负责本级监测中心的日常运行和管理工作，组织指导本辖区监测及资料汇编与刊印工作，测站信息采集与传输设施设备的保养与维护，开展水质与流量巡测，负责本辖区监测人员技术培训和新技术推广应用。

3.5 环境影响与保护措施

岩溶水监测工程分布在全国各地，主要以地下水监测站为主要建设项目。单井占地面积极小，不超过 $4m^2$；单井间距平均数十公里，相互之间无关联；监测井不开采地下水，对当地地下水环境及周边环境不产生负面影响；仅在建设过程中，有噪声、泥浆排放等干扰。在严格遵守国家相关施工条例法规的前提下，通过规范优化工程建设工艺，并采取相应的环境保护措施，可基本消除上述影响。

3.5.1 建设工程环境影响评价

3.5.1.1 施工期

岩溶水监测工程施工相对简单，施工期一般不长，不涉及大面积的征地和移民搬迁问题，不改变施工场当地自然环境，不破坏土壤和植被，不造成水土流失问题，对大气环境、生态系统和当地居民生活也不会带来重大的负面影响。因此工程建设对环境不会产生破坏性的长期影响，仅在工程建设中产生一些短期的不利影响。

1. 对大气环境影响

挖土、推土及砂石、水泥等的装卸和运输过程中会产生扬尘，柴油发电机燃油会产生烟气。随着施工结束，大气环境影响也随之消失，空气质量得到较快恢复。

2. 噪声对环境影响

施工期噪声源主要来自于钻井过程中钻机、柴油发电机、其他施工机械及车辆。噪声强度较大，一般为 $85\sim95dB$（A），会对相关的机关、学校、工矿、企事业单位、农牧民家庭和公园、旅游景区等公共场所内的人员产生一定的影响。但项目单项工程施工量小、施工时间短，加强施工管理并采取相应措施后，对周围声环境影响较小。

3. 固体废弃物对环境影响

施工期固体废弃物主要包括建筑垃圾、施工人员生活垃圾、钻井泥浆和钻井岩屑等。由于固体废物实行分类堆存，定期清运，因此施工期固废不会对周围环境造成影响。

4. 对地表水环境影响

本工程在施工场区设置沉淀池，钻井排水经沉淀后用于配置和稀释泥浆；洗井清淤排出泥浆经沉淀后用于施工场地抑尘。单井施工人员食宿依托当地生活设施，加上施工期间采取防止机械油料的泄漏、严禁场区内洗车、严禁向河道和调水渠道倾倒垃圾等环境保护措施，施工期不会对地表水环境造成明显影响。

5. 对地下水环境影响

地下水监测站井管安装后及时进行填砾和封闭、止水，不会造成各含水层之间的联系。单项工程施工时间短，钻井过程中抽水排水量很小，影响半径小，不会造成地面沉降、地裂缝、岩溶塌陷等一系列环境水文地质问题。因此施工期不会对地下水环境造成影响。

6. 对生态环境影响

监测站保护设施施工期间小范围土方开挖，会压占、挖损破坏少量植被，出现轻微水土流失；由于工程量小，施工期短，加上采取生态环境保护措施，施工期对生态环境影响很小。

综上所述，在严格遵守国家相关施工条例法规的前提下，通过规范优化工程建设工艺，工程施工期间基本上不会造成污染的迁移和程度的增加，对环境本身基本不存在不利影响。

3.5.1.2　运行期

工程运行期间所涉及的主要工作，如常规监测和监测站的日常维护，不使用任何化学药剂，只涉及频率较低的定期少量取水，无废水、废气、固体废弃物和噪声产生，基本不会对周边环境带来不利影响。

3.5.2　环境保护措施

3.5.2.1　大气环境保护

施工场地周围设置围栏，定期对施工场地清扫、洒水；对于砂、水泥、土等细颗粒散体材料的运输、储存采取遮盖、密封措施，防止和减少飞扬。施工车辆进入现场限速，车辆开出工地做到不带泥砂、不洒土、不扬尘；运输车辆行驶路线应尽量避开居民和环境敏感点等。

采用根据天气条件合理安排施工期，避免大风天气施工、控制地表扬尘，选用符合环保要求的柴油机、合格的轻质柴油成品及定期维护保养等措施，以保护大气环境。

3.5.2.2　声环境保护

1. 强噪声机械的降噪措施

（1）推行清洁生产，采用低噪声的施工机械和先进的施工技术。淘汰对环境噪声污染严重的落后施工机械和施工方式，采用低噪声新技术，控制施工中的噪声污染。

（2）在施工机械设备与基础或连接部位之间采用弹簧减震、橡胶减震、管道减震、阻尼减震技术，可减少动量，降低噪声。

（3）在混凝土浇筑过程中，采用低频低噪型振捣棒，由专业人员操作，禁止振捣作业中撬动钢筋或模板，避免发出强噪声而污染环境。

2. 距离敏感点较近时采取的噪声控制措施

（1）合理安排施工进度，控制作业时间。白天作业不早于6时，晚间作业不超过22时。

（2）在柴油发电机等高噪声施工机械附近设置吸声屏，吸声材料可选择纤维料、颗粒材料、泡沫材料等。

（3）合理布局施工场地，噪声较高设备尽量布置在远离保护目标的地方。

3.5.2.3　固废环境保护

（1）固体废物分类堆存，定期清运。

（2）建筑垃圾及时运到指定的建筑垃圾处理场处理，不在施工场地长期随意堆积。

（3）施工人员生活垃圾集中堆放，定期外运至当地最近的垃圾堆放点。

（4）清淤泥沙、钻井岩屑集中堆放、自然干化、及时清运。

（5）钻井时钻井泥浆循环使用，成井后钻井泥浆回收利用。

3.5.2.4　地表水环境保护

在施工场区设置沉淀池，钻井排水沉淀后用于配置和稀释泥浆，清淤排水沉淀后用于施工场地抑尘。严禁在场区内洗车，严禁向河道和调水渠道倾倒垃圾。

3.5.2.5　地下水环境保护

井管安装后及时进行填砾，根据监测站所处位置和含水层情况选用不同粒径和级配磨圆度较好的硅质砂、砾石为主的滤料进行填充，填砾厚度不小于 75mm。充填滤料顶端至井口井段的环状间隙进行封闭和止水，封闭和止水的材料选用粒径为 20～30mm 的半干状黏土球，阻止各含水层之间的联系。

3.5.2.6　生态环境保护

（1）钻井和工程建设等环节时固定车辆和人员进场路线，禁止随意践踏，以保护表层土壤和植被，减少水土流失。尤其是草地、沙漠等生态环境脆弱区。

（2）施工作业时，严格控制施工范围，在满足施工规范的前提下尽可能减小占地面积，减轻对地表扰动，尤其是草地等生态环境脆弱区。

（3）对作业人员加强宣传教育，切实提高保护生态环境的意识和自觉性；强化对施工工人的行为管理，建立严格的生态保护制度，在施工场地设置"保护生态环境、保护野生动植物"等警示牌，避免捕猎野生动物、滥采天然植被的情况发生。

（4）对征用土地，按有关规定给予补偿。

（5）合理调配土方，少量多余土方用于铺路、施工迹地平整、植被恢复。

（6）建设单位在工程施工结束后，对施工迹地进行平整和植被恢复。

第 4 章　岩溶水资源监测

根据岩溶水监测体系规划和相关行业标准要求，岩溶水资源监测要素主要包括水位监测、水质监测、水量监测和水温监测。

4.1　岩溶水水位监测

4.1.1　岩溶地下水水位的表示方法

岩溶地下水水位一般可用地下水水面高程或地下水水面至地面的距离表示，后者也称地下水埋深。无论是地下水水面高程还是水面至地面的距离，两者只是从不同角度描述地下水水位。实际监测时，地下水水面指监测井中的地下水水面，而监测井附近一般设有与某高程基面相关联的水准点。

地下水水位与地下水埋深可以通过地面高程相互转换，监测井的地下水水位＝地面高程－地下水埋深。其转换关系见图 4-1，其中，$S=J-G$，$M=D-S=G-C$。

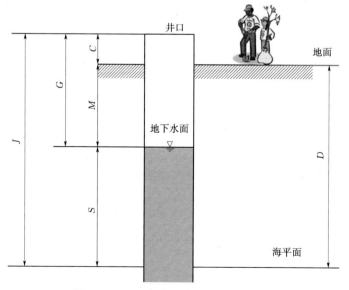

图 4-1　地下水位及其相关高程关系图

J—井口高程；G—读数；C—井口与地面之差；M—地下水埋深；S—地下水水位；D—地面高程

地下水水位和埋深数据均可以带有"＋""－"号，一般地下水水位、地下水埋深数据前的"＋"号会省略。但如果地下水水面低于地下水水位相对的基面，如某个海平面时，则地下水水位数据前须带"－"号；如果地下水水面高于地面，则地下水埋深数据前须带"－"号。

地下水埋深和地下水水位高程表示地下水位各有其特点。地下水埋深可以直观地了解当地地下水位随时间变化的情况，便于理解，但其受所监测井周边的地面高程的直接影响，只反映监测井这一点的水面高程。地下水水位高程便于统一了解区域方位的地下水面高程情况，对于监测区域内的工程需求具有重要的参考价值。

4.1.2 水位监测要求

4.1.2.1 地下水水位测量准确性要求

1. 现阶段国内规范相关要求

（1）《地下水监测规范》（SL 183—2005）要求：人工观测时，两次测量允许偏差为±0.02m。《地下水监测工程技术规范》（GB/T 51040—2014）要求：①地下水位监测数值应以 m 为单位，精确到小数点后第 2 位；②单次监测数值允许精度误差为±2cm；③人工监测水位，每次监测应测量井口固定点至地下水面距离 2 次，间隔时间不少于 1min；当两次测量数值之差超过 2cm 时，应重新进行测量；取两次数据平均值作为监测值。

（2）SL 183—2005 要求：水位自动监测时，"允许精度误差为±0.01m"，"组建系统应选用 3 级以上设备"。GB/T 51040—2014 要求"水位传感器的准确度可按其测量误差的大小分为四级；其置信水平不应小于 95%，组建系统应选用 3 级以上的设备。"见表 4-1。

表 4-1　　　　　　　　　水位计允许误差

准确度等级	允许误差	
	水位变幅≤10m	水位变幅＞10m
0	±0.3cm	—
1	±1cm	≤全量程的 0.1%
2	±2cm	≤全量程的 0.2%
3	±3cm	≤全量程的 0.3%

（3）《地下水监测站建设技术规范》（SL 360—2006）规定"水位监测误差应为±0.02m"。《地下水资源勘测规范》（SL 454—2010）规定"人工观测允许误差为±0.02m、自动观测允许误差为±0.01m"。

（4）其他行业规范规定也有不同，如："量测读数至厘米，精度不得低于±2cm""抽水孔的水位测量应读数到厘米，观测孔的水位测量应读数到毫米"等。

2. 国际标准的要求

国际标准对推荐的人工测量地下水水位的各种方法提出了能达到的水位测量误差要

求，都受地下水埋深影响。国际标准（技术报告）对用于地下水测井中的压力式地下水水位计，提出的水位计测量误差要求如下：

（1）大部分场合要求达到 0.3cm。

（2）水位变幅大时要求达到 0.1％水位变幅。

（3）埋深超过 30m 时要求达到 0.01％水位变幅。

（4）还应考虑温度、时间漂移、线性影响及修正。

（5）可以参照国际标准《水位测量仪器》水位测量标准不确定度要求：1 级，±0.1％水位变幅；2 级，±0.3％水位变幅；3 级，±1％水位变幅。

4.1.2.2 地下水水位监测频次与监测时间要求

一般可以参照国家或行业相关规范要求的监测频次和监测时间，如《地下水监测工程技术规范》（GB/T 51040—2014），或者根据实际需求，结合第 2 章的时间序列分析与统计检验法确定所需的监测频次。GB/T 51040—2014 对水位监测频次与监测时间要求如下：

1. 水位测量频次要求

（1）实行自动监测的基本监测站，每日监测 6 次数据。

（2）未实现自动监测的基本监测站，每日监测 1 次。

（3）普通水位监测站每 5 日监测 1 次，并可根据监测目的加密监测频次。

（4）水位统测站每年监测 3 次。

（5）为特殊目的设置的地下水监测站，应根据设站目的要求设置地下水监测频次。

（6）在地震易发地区和地震易发期，水位水温自动监测站应按照地震监测相关要求增加监测频次。

2. 监测时间要求

（1）实行自动监测的监测站，每日 0 时、4 时、8 时、12 时、16 时、20 时应有信息记录。以当日 8 时记录的水位信息代表当日水位信息。

（2）实行每日监测 1 次的监测站，信息监测时间为每日 8 时。

（3）实行每 5 日监测 1 次的监测站，信息监测时间为每月 1 日、6 日、11 日、16 日、21 日、26 日 8 时。

（4）统测站信息监测时间为每年汛前、汛后和年末，监测日从每 5 日监测 1 次信息监测时间中选定，统测时间为相应选定信息监测日 8 时。

4.1.3 水位监测技术

4.1.3.1 水位的人工监测

地下水水位监测不同于地表水水位监测时可以通过水尺直接监测，地下水水位监测在建设监测井基础上，还需要监测辅助设施。监测辅助设施包括井台、水位测量基准点、井口保护装置等。

井口固定点标志（MP）高于或低于地面高程（ISD）的高差，记录在地下水水位测量现场记录表上，称为 MP 修正值。一般的测井，测量基准点 MP 都高于地面，MP 修正值为正值。如果 MP 低于地面，则 MP 修正值为负值。

在人工观测站，只用人工观测方法测量地下水水位值。人工监测水位时，要求测量 2 次，2 次测量的间隔时间不应大于 1min，2 次测量值之差不能超过 2cm，取其平均值为监测值。如果 2 次测量数据之差超过 2cm，应进行重测。由于水面在地面以下几米至上百米深处，人工观测地下水水位时，不可能像地表水那样直接观测到水面，读取水尺水位。必须使用地下水水位测量工具或仪器，通过相应测具和仪器接触或感应地下水水面，从而测得井口固定点至地下水面距离。以此值与 MP 修正值相减，求得地下水埋深值，再利用地面高程值与地下水埋深值相减得到地下水位值。

按应用测具和仪器的不同，人工测量地下水水位方法有：①用测钟（盅）测量地下水水位；②用悬锤式（地下水）水位计测量地下水水位；③用简易电接触式水位测量仪测量地下水水位；④用钢卷尺水痕法测量地下水水位；⑤用测压气管法（压力法）测量地下水水位；⑥用自流井地下水水位测量方法。

随着我国地下水主要开发利用区地下水埋深的增加，国内人工监测方法从最初主要使用测钟（盅）测量地下水水位，逐渐过渡到用简易电接触式水位测量仪测量地下水水位。钢卷尺水痕法、悬锤式水位计法、测压气管法（气管法）、自流井地下水水位测量方法是国际标准《人工测量测井中地下水水位的方法》（ISO 21413—2005）建议推荐的方法。目前国内相关部门并未专门推荐使用哪几种方法，基本没有提及钢卷尺水痕法、气管法和自流井地下水水位测量方法。

地表水水位要依靠人工观测水尺水位，以此作为最准确的水位值，并用以校准自记水位计的水位基准值。类似地，地下水水位要依靠人工测量井口固定点至地下水水面距离，此测量值被认为是最准确的，并用以校准地下水自动监测设备的基准值。

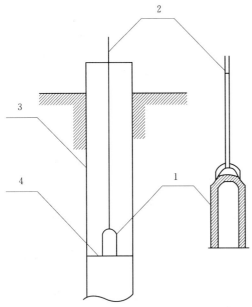

图 4 - 2　用测钟测量地下水水位示意图
1—测钟；2—测绳；3—井管；4—地下水水面

1. 地下水水位测钟（盅）

（1）测钟的构成。测钟也称为测盅，是最早使用的地下水水位测具，见图 4 - 2。测钟钟体是长约 10cm 的钟形薄壁金属中空圆筒，直径数厘米，圆筒一端开口，另一端封闭，类似一个倒放的酒盅，也类似钟形。封闭端用牢固、稳定的连接方法系测绳，开口端向下。测钟端口平整，外部涂有油漆防腐。

测钟具有一定重量，可以拉直测绳，也有利于下放时测量人员判断水面位置。钟体应经过简单的机械加工，以保证其形状正规、对称、钟口平整。实际上测钟多用铁质材料铸造，涂以油漆防蚀。目前市场上没有正规的测钟产品，都是各使用单位自制的，所用的测绳一般是正规测绳生产厂家的产品。

测绳（测量绳）应该有一定强度，长度应

稳定。对测绳上的刻度标记准确性有严格要求，测绳上的刻度标记误差至少应优于需测地下水水位的允许测量误差。一般的测绳难以达到此要求。按钢卷尺的技术要求，标准钢卷尺准确度分为Ⅰ、Ⅱ两级，Ⅰ级的长度误差$\triangle=\pm$（$0.1+0.1L$）mm；Ⅱ级的长度误差$\triangle=\pm$（$0.3+0.2L$）mm。计算时L以m为单位。计算可得：Ⅰ级准确度的钢卷尺，每100m长度的允许误差为±1.01cm；Ⅱ级准确度的钢卷尺，每100m长度的允许误差为±2.03cm。因此，Ⅰ、Ⅱ级准确度的钢卷尺可以达到测量不同深度监测井地下水水位的准确度要求。而测绳的准确度显然达不到钢卷尺的要求，只能用于井口固定点至水面距离在几十米范围的测量。

（2）测钟的使用方法。测量时，人工提住测绳，将测钟放至地下水水面，上下提放测钟，测钟开口端接触水面时会发出撞击声。由于撞击接触水面时测钟内的空气被水面密封，发出的声音较大、也较特殊。测量人员在井口听此声音判断水面位置，并使测钟端面正好处于接触水面时，固定测绳。根据地面的井口固定标志（MP）读取测绳上刻度，得到地下水埋深值。

（3）测钟测量地下水水位的特点和应用。在测量时要依靠测量人员凭经验听测钟撞击水面的声音使测钟端面正好处于接触水面的位置，不容易正确做到这一要求。由于判断测钟接触水面会产生误差，以及测绳的长度误差，使用测钟测量地下水水位时得到的水位观测值不会很准确，不易达到±2cm的地下水水位测量准确性要求。

2. 悬锤式水位计

用悬锤式水位计（Electric Tape）测量地下水水位是国内应用较多的人工测量地下水水位的方法，也是国际标准 ISO 21413—2005 所推荐的应用方法之一。

这种地下水水位测量设备常被称为电接触悬锤式水尺、悬锤式电水尺、悬锤式水尺、水位测尺、电测尺。悬锤式水位计在国际标准中的名称是"Electric Tape"，是电水位测尺的意思。用于井口固定点至水面距离测量的悬锤式水位计都具有接触水面时产生电信号的功能。

（1）工作原理。悬锤式水位计用一测锤感测水面，测锤测量水位的原理见图4-3。图中的测锤端头有两个出露的金属触点，触点是纵贯测锤的两根金属导杆的端部，上部与测尺上附有的两根导线相连接，触点的金属导杆与测锤锤体绝缘。为了保护出露的触点不受碰撞，触点出露长度很小，或基本和测锤端面齐平。有些产品在测锤下部横向开通孔，触点出露在此通孔内，受锤体阻挡，触点不会和其他物体碰撞，保护作用更好。测尺一般是一根表面覆有塑料外层的钢尺，钢尺两边有两根导线，其横截面见图4-3。钢尺表面有长度刻度，其分度一般为毫米。测锤在空气中时，两触点间是绝缘的，电阻很大。当测锤下放到测井中，测锤端部两触点接触到水面时，两触点间电阻变成水体的电阻。水体电阻很小，相当于两触点导通，在地面上连接测尺两边导线的水面信号发生器发出信号，测量人员可以通过观测测尺放入测井中的深度得到井口固定点至水面的距离。产生的信号分为音响信号、灯光信号和指针偏转信号三种主要形式。

（2）结构。仪器由水位测锤、测尺、水面信号发生器（音响、灯光、指针偏转形式）、电源、测尺收放盘、机架组成，见图4-4。图中两边的是常规应用的产品，有机架，可以放在井台上工作。中间的是手持式的产品，没有机架，不能放在地面上工作，只能手持测量，用于地下水水位埋深较小的测井。

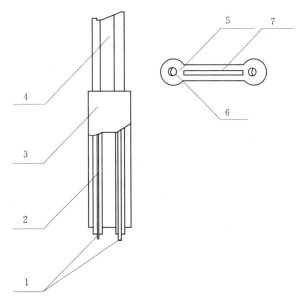

图4-3 悬锤式水位计测量原理图

1—触点；2—绝缘层；3—测锤；4—测尺；5—塑料覆盖层；6—导线；7—钢卷尺

常用的测尺是一柔性长卷尺，宽1~2cm，两边附有两根导线。长度按需要测量的地下水埋深不同而不同，最长可达500m。需要时，还可以制作更长的产品。卷尺尺体由钢或不锈钢制作，一般都有塑料层覆盖，具有足够的防腐蚀性能，其覆盖层有良好的绝缘性能和耐磨性能。钢材具有较低的热伸缩系数，以保证在温度变化时测尺上刻度的准确性。测尺的长度刻度误差应该符合钢卷尺国家标准要求。

图4-4 悬锤式水位计外形图

测锤是一细长的金属圆柱体，有一定重量，其重量要能将测尺拉直，下放入测井中。测锤最好用不锈钢制造，以保证在长期与水接触的过程中不腐蚀。测锤经常与测井壁碰撞摩擦，如使用带有防腐镀层的金属制作测锤，镀层易被碰撞破坏，导致测锤腐蚀。

水面信号发生器发出灯光、音响或指针偏转信号，用内置电池供电。测锤触点接触水面时，相当于测尺两边导线导通，使水面信号发生器发出信号。灯光信号是一指示灯常亮信号，指示灯可能是各种直流发光器件，可以是钨丝灯或各类半导体发光元件，要求亮度大，以便于白天在野外能观察到信号灯光。音响信号常使用半导体音响器、各种蜂鸣器。因为野外噪声可能很大，一般的音响信号很难听清，所以要求音响尽可能大一些。但是用内置电池供电产生的灯光信号不会太亮，音响信号也难以很响，而测量工作通常在白天的野外进行,阳光可能很亮,噪声也可能很大,灯光、音响信号更不易看到、听到。与音响、灯光信号相比较,指针偏转信号很容易观察到,弥补了灯光、音响信号的不足。指针偏转信号是一个小型的低压直流电压表或电流表,测锤接触水面时,电路导通,指针偏转,发出信号指示。悬锤式水位计产品都具有两种以上的信号发生功能,音响信号和指针偏转信号是最常用的。

水面信号发生器安装在测尺收放盘上,其信号接入端已经和测尺上两根导线相导通。测尺收放盘上绕有测尺,轴上带有摇把,能够旋转收放测尺,水面信号发生器以及电源电池也都装在测尺收放盘侧面,电路和测尺上的导线连接。在收放盘旋转时,这些部分都在一起旋转,不会影响电路的导通。连同机架,悬锤式水位计的重量按测尺长度不同而不同,从1kg到10kg。手持式测量用的产品重量不超过1kg,但测尺长度范围不会超过30m。

国际标准允许使用带长度刻度的、内有导线的缆索作为测尺,这种缆索是内有导线的测绳。这样的产品大量用于其他部门测量井深,很少用于国内地下水埋深的测量。国际标准允许使用的测尺带有两种不同的刻度型式。

1)型式一:固定刻度分度较少的测尺(如1m一个刻度)。这种测尺使读数有足够的准确性,每到整数米时是正确的,没有分米、厘米刻度,也不需要对测尺的厘米、分米刻度进行校准。高精度的测绳属于这种类型。可以将这种型式的测尺称为部分刻度测尺。

2)型式二:在测尺整个长度上读数刻度分度(毫米或厘米)等于或者高于准确度要求。可以将这种型式的测尺称为全刻度测尺。一般的钢卷尺、钢尺都属于这种类型。目前,已能普遍生产达到钢卷尺标准要求的地下水水位专用测尺,通常应用的地下水水位测尺都是这种全刻度测尺,刻度分辨力是厘米或毫米。

(3)安装应用。悬锤式水位计适用于井径大于5cm的所有地下水测井。水位埋探没有限制,一般都能用于200m以上的水位埋深,但测井不宜太斜。有关测井标准规定测井的斜度不能超过 $1.5°\sim2°$,所以只要测井符合要求,就能使用悬锤式水位计。测井太斜时,即使能使用悬锤式水位计,也要进行地下水水位斜度修正。

应用悬锤式水位计测量地下水水位,在井口周边应有一稳定的仪器安放平台,平台面应水平,标高固定,能稳定地安放悬锤式水位计。平台与井口的相对位置应能使所用悬锤式水位计的测锤在井管中心附近自然下放和收回,尽量不碰触到井壁。使用手持式悬锤水位计时可不需要仪器安放平台。

使用悬锤式水位计时也需要在井口设置一井口固定点标志(MP),以便正确地读取测尺上的刻度。使用悬锤式水位计测量地下水水位时,仪器和测井的相互位置见图4-5。如果使用手持式悬锤水位计,仪器不放在地面,需要人工手持在测井上方进行测量。

测井井口已设有一个井口固定点标志(MP)的,以MP为基准测量井口固定点至水面距离。如果地下水埋深的基准是地面,要知道MP和地面高程(LSD)的高差,此高差在国际标准中被称为MP修正值。如前文所述,如果MP点高于地面,此修正值为正值;如果MP点低于地面,此修正值为负值。

(4)测量方法与步骤。国内水文部门并没有严格规定测量地下水水位的方法、步骤,参照国际标准,提出以下应用悬锤式水位计测量地下水水位在测量前的准备工作和测量方

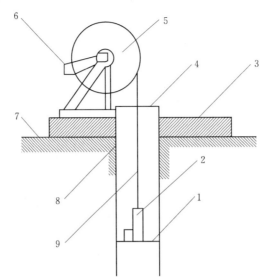

图4-5 悬锤式水位计测量地下水水位示意图
1—地下水水面；2—测锤；3—井台；4—井口固定点标志；5—悬锤式水位计；
6—测尺摇把；7—地面；8—井管；9—测尺

法、步骤：

测量前的准备。首先，在野外主要的使用仪器是悬锤式水位计。定期将其测尺整个长度与一校核钢尺比对，进行校准。校核钢尺是一根刻度到米、厘米、毫米，保存在室内、只用于校准测尺目的的专用钢尺。检查被检测测尺的每一米刻度处，保证刻度位置准确，并保存此校准检测记录。悬锤式水位计在长期使用后，以及曾发生过难以将测锤、测尺从测井中拉回地面的情况时，这种校准尤为重要。使用中的悬锤式水位计的测尺如果不能通过校准检测，该测尺将不能使用。第二，在将测锤放入测井前，在地面上或室内将测锤放入水体，观测电路导通时，音响、灯光、指针偏转指示器是否正确地发出信号指示，以检查悬锤式水位计的电路。记下在电路检查中，电路导通时指针指示器的指针偏转程度。

悬锤式水位计在地下水测井中测量地下水水位的步骤包括：

1）将悬锤式水位计的测锤慢慢地放入测井中，直到接触水面使电路导通，信号指示器发出信号。轻轻地适当提起，再下放，使测锤电极再接触水面，以确定测锤电极接触水面的最精确位置。当指示器的指针偏转到电路检查时的位置时，将一"MP标志器"固定在此时正对MP处的测尺上。使用"MP标志器"的作用是可以提上测尺后可准确读数或用钢尺测量该点位置。

2）对全刻度测尺，从测井中收回一部分测尺至信号断开时记下MP标志器所在处的读数，一般记录到厘米。如果测量者认为仪器具有更高精度或者有特殊监测需求时，也可记录到更高的分辨力。将读数记录在地下水水位现场测量记录表的"以MP为基准的读数"栏内。对部分刻度的测尺，从测井中收回一部分测尺至信号断开时，记录MP以下的第一个"米"的读数，记录在地下水现场测量记录表的"MP以下最近的米读数"栏内。然后测量固定在测尺上的"MP标志器"到以下最近一个米刻度的距离，用带刻度的钢尺测量，测量读数到厘米，记录在地下水水位现场测量记录表的"MP标志器和MP以下最近米刻度的距离"栏内。将"MP 以下最近的米读数"加上"MP 标志器和 MP 以下最近米刻度的距离",得到以 MP 为基准的井口固定点至水面的距离。将此数记录在地下水水位现场测量记录表的"以 MP 为基准的读数"栏内。

3）应用 MP 修正值修正得到地下水低于或高于地面高程（LSD）的地下水埋深。如果 MP 高于地面高程,从以测量基点 MP 为基准的读数中减去此高差,得到以地面高程为基准的埋深。如果 MP 低于地面高程,将 MP 修正值（MP 和地面高程之间的距离）加一"一"号,然后从"以 MP 为基准的读数"中减去加上负号的（也就是加上）MP 修正值,得到以地面高程为基准的埋深。总的来讲,是从"以 MP 为基准的读数"中减去 MP 修正值（此值可能是正值或负值）,得到以地面高程为基准的埋深值。如果水位高于地面,将高出部分记录到厘米,并加一"一"号。

4）按 1)～3)步骤进行一次校核测量。如果校核测量结果超过测量数据准确性限制中给出的规定,再进行校核测量,直到找到数据不一致的原因。如果得到了两个以上的测量结果,应选择较为可靠的结果。这一读数应记录到厘米。

5）完成井口固定点至水面距离测量后,用干净抹布浸家用氯消毒剂或其他适用的消毒剂对曾浸泡在水中的尺带部分进行擦拭消毒,以避免对其他测井的污染。

国内现状使用的悬锤式水位计都是全刻度钢尺。但用测绳测钟测量时,测绳上的长度标记很少达到厘米的分辨力,相当于部分刻度测尺,可以按照相关方法步骤进行测量。

在上述的测量计算中,一般认为测尺刻度零点都在测锤触点端部,测尺刻度读数代表的长度包括测锤及测尺与测锤连接处的长度。正规产品能达到这一要求。如果发生了测尺、测锤接头的折断、修复或经较长时间使用后,要检查测尺刻度零点是否还在测锤触点端部,相差较大时,要进行测尺刻度示值修正。

（5）检测。悬锤式水位计应保持良好的工作状态,要定期检查尺带有无锈蚀、破损、扭绞和由于测锤重量、钢尺带自身重量对尺带发生的拉伸。尽量避免尺带在井管口处摩擦,以尽可能保持刻度标志的清晰度。尺带刻度位置应经常用一标准钢尺检校。悬锤式水位计用于准确测量地下水水位,并作为地下水水位自动监测仪器的基准水位测量。它的测量误差将直接影响其他水位计的水位测量准确性,因此应在使用中定期进行校核和检定。

水位测量是一种计量性的测量,所使用的仪器应该进行计量检定。按计量要求悬锤式水位计应该定期进行计量检定,而测尺的检定工作应由具有长度计量检定资质的专门单位进行,并出具检定证书,以保证使用的悬锤式水位计的测量准确性。在悬锤式水位计的计量检定规程未发布前,使用单位可以采取自行检测的方法,即使用一根经过计量检定的钢卷尺,与悬锤式水位计的测尺进行比对校核。校核方法和下文中的钢卷尺水痕法使用的钢卷尺自行检测方法相同,应该每 6 个月或 12 个月进行 1 次。

用悬锤式水位计对地下水水位进行测量时,测尺的长度（刻度）准确性非常重要,但测锤上触点对接触水面的感应以及触点相对测尺上刻度的位置也会影响测量准确性。因此只对测尺的刻度进行计量检定或自行检测并不能完整地反映悬锤式水位测量的准确性。

（6）性能特点。这种仪器结构相对简单,携带方便,便于操作者使用,可以用于各种形式地下水水位的观测。由于可以很准确地指示地下水水面的位置,钢测尺的刻度也相当准确,所以水位测量准确性较高。仪器上一般都有音响、灯光水面指示器。装有指针偏转指示水面信号的仪器更适用于背景光线强烈、声音嘈杂的野外环境，使水面指示不会形成明显误差。由于可以利用两根导线，有的产品可以在测锤上装上温度传感器测量地下水温。

覆塑钢卷尺制造的测尺，其密封、绝缘、防腐蚀性能较好。钢卷尺应按标准制造，达到 1mm 的分辨率。如确实符合钢卷尺Ⅰ级精度要求，则可以达到 ±1cm/100m 的准确度（刻度）。定期按规定进行计量或检测校核后能保证监测值的准确性。测尺是工业化自动连续生产的，其长度不受限制，可以用于不同的地下水埋深与变幅。测锤直径小巧，能用于各种井径的水位测量。

此仪器只能用于人工观测地下水水位，其测尺的质量和刻度误差对水位观测值影响很大，埋深和变幅较大时更应注意。

（7）维护和应用中的问题。

1）悬锤式水位计在日常监测中的维护。应保持仪器的清洁、干燥。工作时测锤和测尺放入井内，接触水体、井壁易沾上水污，用后对测尺要适当擦洗，并使其比较整齐地缠绕在卷筒上。测锤一般是用耐腐蚀材料制作的，但使用后也应清洗，特别要注意其端部的触点，应保持其洁净和绝缘性能，不要碰撞。国际标准要求在一个测井中测量了地下水后，除了要对放入井下的测锤、测尺进行清洗外，还要用一般的家用消毒剂进行擦洗消毒，以防止在其他测井中使用时发生细菌交叉污染。这对有生物污染监测的地下水来讲是很重要的措施。

2）悬锤式水位计在日常监测中的注意事项。使用中应注意不要使测尺发生折弯，以免钢尺发生永久性弯曲变形，并可能使其中的导线折断。发现信号不正常时，应检查：①供电电源是否正常；②水面信号指示器是否正常，可以在地面上将信号接入处直接导通，观察信号产生是否正常，再将触点放入水中，观测信号是否正常；如不正常，说明信号接收电路有故障；③测尺导线与测锤触点连接是否可靠；④测锤上的触点是否绝缘，触点出露处有无污物影响其与水的导通。

此外，还需要注意：①在测量地下水埋深较大时，温度变化使钢尺伸缩，会形成较大误差，要考虑修正；②用于斜度较大的测井时，应考虑是否要进行斜度修正；井斜正常的深井，斜度对地下水水位测量也有影响；③地下水水面较脏，尤其是有油层时，则导电性能差或不导电，不容易使触点导通，从而影响测量。

3. 简易电接触式水位测量仪

（1）原理与结构。简易电接触式水位测量仪与悬锤式水位计原理基本相同，但简易电接触式水位测量仪无论从价格还是从实用性方面都具有一定优势，也是现阶段实际监测工作中应用相对广泛的地下水水位人工监测装置。简易电接触式水位测量仪的结构与悬锤式水位计类似，由水位测锤、测线、水面信号发生器（音响、微安电流表）、测线收放盘、机架组成，见图 4-6。

图中左侧的是现阶段更为常用的设备，其水面信号发生器是微安电流表，图右侧的水面信号发生器是经过改装的微型半导体收音机。测线为标识刻度的相对结实的平行电线，刻度以米为单位，测线总长度一般不超过 100m。测锤主体为一细长的钢制圆柱体，其一个端部为圆锥体，另一个端部中间带一直径 0.5cm 的圆孔，用于栓系强度小于电线的测锤

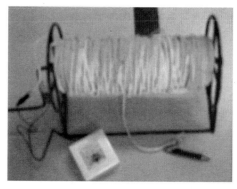

图 4-6 简易电接触式水位测量仪外形图

与电线的连接绳，连接绳的作用为如果测锤在井下被挂或卡住，只能用力向上拉时，如力量太大，连接绳将先被拉断，测线可以完整地被拉上井，只损失了测锤。

在用微安电流表作为水面信号发生器时，其有两个端子用于连接测线。在用改装的微型半导体收音机作为水面信号发生器时，其信号线一端连接收音机，另一端两个端子，用于连接测线。

（2）测量方法。正式测量前，将连接好的简易电接触式水位测量仪的测锤放入预置水体中，如放入装满水的水桶中，观察电路导通时，微型半导体收音机的音响或微安电流表的指针是否可以正常地发出信号，以保障正式测量时其电路的畅通。正式测量时，将简易电接触式水位测量仪放入监测井中，边放边观察水面信号发生器的反应，在听到或看到仪器接触水面的信号时，再轻轻提放两次测线，以读取最准确的井口固定点至水面距离在测尺上的数值。读取数值时，首先读测线上距离 MP 点最近的整米数，之后用钢卷尺量取整米数距离 MP 点的距离，再计算出井口固定点至水面的距离。

在实际人工监测工作中，有部分开采井兼做监测井，井中安装有水泵。此类井在监测时，只能将简易电接触式水位测量仪沿井壁管和水泵管之间的缝隙试探性放入井下水面。由于井壁管和水泵管之间的缝隙通常较狭窄，加之用于连接水泵管之间的法兰盘较水泵管直径大，如果井口固定点至水面距离较大时，水位测量仪受到法兰盘影响未到达水面，可能被法兰盘托住。但由于井口固定点至水面距离较大，测线本身具有一定重量，测量人员有时候很难通过手感判断测量仪测锤的位置，感觉测锤还在向下走，实际已经被法兰盘托住。这时就需要把测线来回提拉，更换下放测线的位置，使测锤顺利到达水面，激发水面信号发生器的反应，完成测量工作。

（3）仪器的检测。简易电接触式水位测量仪应定期检测，对于测线上的刻度，利用专用的钢卷尺定期校测，一般 6 个月校测 1 次，校测时间一般在每年的最热季节和最冷季节，即测线最容易伸缩的季节。对于水面信号发生器，除每次测量前的检查，还应每 3 个月对其检测 1 次，以尽最大可能保证设备的测量精度。

4. 钢卷尺水痕法测量地下水水位

这是国际标准推荐的地下水水位人工测量方法之一。

（1）钢卷尺水痕法测量地下水水位的基本原理。钢卷尺仪器只包括一根挂有测锤的钢卷尺，测锤是一个细长金属重锤，测尺是一黑色不锈钢卷尺，卷尺上有分辨力为厘米或毫米的刻度。有一个可分离的测锤系挂在卷尺端的环上，系绳的强度足以悬吊测锤，但其牢度不能大于钢卷尺。

在测量前，先用易散于水的色粉涂抹测尺放入测井一端端部的一段长度，长度可在2m 左右。色粉应该完全覆盖测尺这一段长度的刻度面表面。在测量时，人工将测锤、测尺放入测井内，直至测锤和测尺下部一小段进入地下水水面。在确认水面已到达涂抹有色粉的部分时，固定测尺，按井口测量基准 MP 标记读取测尺对应的读数。然后，提起测尺，观测测尺下部地下水水面浸到的位置。地下水浸到之处，测尺上涂抹的色粉应该已被冲去，或有明显水痕，读取此处刻度，就可以得到地下水面至 MP 的距离，见图 4-7。

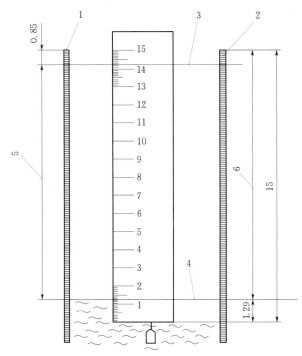

图 4-7 钢卷尺水痕法测量地下水水位（单位：cm）
1—井口；2—井壁；3—井口标记；4—地下水面；5—测量值；6—埋深

（2）钢卷尺水痕法测量地下水水位的具体要求。国际标准对使用此方法测量地下水水位的方法、步骤作出了具体规定。并要求在一次测量后，再重复同样步骤进行一次校核测量。校核测量要使用和初始测量不同的测尺 MP 指示数，如果校核测量结果和初始测量结果相差不在 1cm 以内（我国《地下水监测工程技术规范》（GB/T 51040—2014）规定两次测量误差不超过 2cm，且未特指某类仪器），继续进行校核测量，确定不一致的原因，或者得到可靠的结果；如果得到了两个以上的测量结果，测量人员应选择较为可靠的结果，这一读数应记录至厘米。测量中可能要重复多次，最后才能准确地使水面到达涂抹色粉的测尺部分。对测尺的检测应至少每 12 个月进行 1 次，利用不用于野外测量而专门用于检测其他测尺的钢卷尺，对使用中的测尺进行长度（刻度）检测。

5. 测压气管法测量地下水水位（压力测量）

测压气管法测量地下水水位是国际标准推荐的地下水水位人工测量方法之一。

（1）测量原理。使用一根一端浸入水下的测压气管测量地下水位。此方法测量地下水水位的原理和测量地表水水位的气泡式压力水位计基本相同。利用测量水下某一固定点处的静水压强来推算该固定点以上的水深（水柱高度）。测压气管法测量地下水水位原理见图4-8。

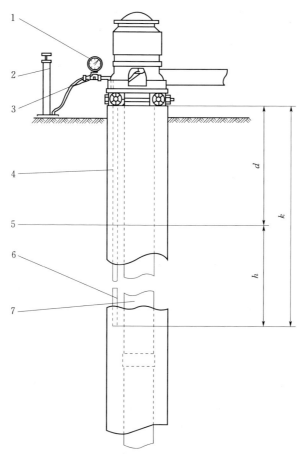

图4-8　测压气管法测量地下水水位原理图

1—压力表；2—打气筒；3—三通接头；4—井管；5—地下水水面；6—气管；7—井中水泵管

在测量时，将一根通气管固定装入测井内。气管最好使用耐腐蚀的金属管，管口应固定在最低水位以下。初次安装好后，用气筒打气，直至管内的水体排净。打通气管的同时，读取压力表上的最大读数。由于所用压力表已消除了大气压影响，此压力就是这时地下水体在气管管口处的静水压强。由此压强测量值计算出气管口上的水体高度 h，同时用人工测量方法在井口测得此时的井口固定点到水面的距离 d。由于气管口已固定，所以不管水位如何变化，$d+h=k$，k 是一个常数。通过上述过程，可以得到 k 值。在以后的每次测量时，用气筒打气将气管打通，排出管内所有水体，读取压力表上的最大读数，由此读数计算出这时的 k 值，用已知的常数 k 减去测得的 h 值就得到了井口固定点至水面的距离 d 值。

（2）仪器基本结构。整个测量设施主要包括：①金属测压气管，也可以使用工程塑料管，但优先采用金属管；②压力测量设施，可以使用水柱高度测量仪或者使用压力表；③气流单向阀；④气体加压装置，可以使用人工打气筒；⑤刻度到厘米、毫米的钢卷尺。

使用时将这些部件安装在测井口上，测量井口固定点至水面的距离。目前并没有完整的产品，应用该方法时，技术人员需要自己将所需器材安装、连接后才能应用。

（3）测压气管法测量地下水水位的性能分析。测压气管法可以应用于正在抽水的测井，在这种场合，水的溅落使钢卷尺水痕法和悬锤式水位计不能应用。测压气管可以安装在很小的空间内，可以在有抽水设备的测井中工作，气管的歪曲、盘旋不影响这种方法的测量准确性。如果使用测压表测量压力，实际测量时的工作量很小，只需人工打气加压，读取测压表读数就完成了测量工作，比起其他方法都省时、省力，速度也较快。在安装过程中有较大的工作量。但是安装好后，可以在测井中工作很长时间。

（4）应用中的问题。用测压表测量时，测量误差偏大。国际标准认为，使用压力表测量时，如果压力表准确度差，误差可能大于±30cm。所以此方法主要适用于水面有扰动的测井，以及井口、井内有抽水设备而不易放入测锤的测井，因为在这些场合其他方法都不宜应用。因此在实际地下水水位监测工作中还没有应用这种方法，也没有成熟的产品。

6. 自流井（有压井）的地下水水位测量

测量地下水水位，实际上是测量该测井中压力水头的高度，自流井的地下水水位（压力水头）都是高出地面高程（LSD）的，也高于井口固定点标志（MP），"埋深"值取为负值。下述的方法被国际标准推荐使用，用于有压自流井的地下水水位测量。

（1）基本原理。自流井中的地下水水位高出地面，因为井口是敞开的，地下水流出地面，不会形成自然的水位面。如果将井口密封，高出管口部分的"地下水水位"将形成井管内的水压力。本方法使用测压表或者水柱高度测量仪测量密封井管内的这部分水压力，其测量原理见图4-9。

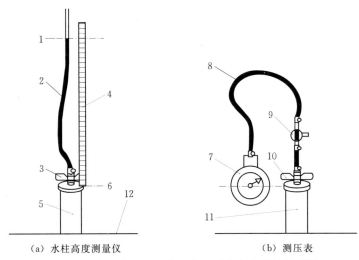

（a）水柱高度测量仪　　　　　（b）测压表

图4-9　自流井（有压井）的地下水水位测量原理图

1—水柱面；2—水柱软管；3—控制阀；4—标尺；5—测井；6—基面；
7—压力表；8—气压管；9—阀；10—控制阀；11—井管；12—地面

用水柱高度测量压力水头时，井口密封，井口上接上的水管相当于将测井管向上的延伸。在水体静止时，在水管中形成了高出井口的地下水水位面。使用测压表时，将测压表中心放置在与井口固定点标志（MP）同一水平面上，测得的是密封井管中 MP 以上的压力水头，用此压力值可以计算出相对于 MP 的地下水水位面高度。

（2）仪器结构。按测量压力大小将测井分为低压井和高压井，国际标准将压力水头高出地面 2m 以下的称为低压井，高出 2m 的称为高压井。测量时井管口必须密封，并留有带阀门控制的出水管嘴接口。

低压井中的压力水头直接用标尺测量透明塑料水柱软管内的水柱高度。测量时井口密封，装有控制阀，留有出水管嘴，在管嘴上接上软透明塑料管。开启阀门，管内进水，垂直向上拉直水管。以井口固定点标志（MP）为基准树立标尺，标尺紧靠透明塑料软管，在标尺上读出软管内水面高度，换算成水位高程。

高压井的压力水头大，软管内水柱高于 2m，测量读数困难，改用测压表直接测量压力，换算成水位高程。测量时将测压表用软质测压管连接到到测井井管口的井口控制阀的出水管嘴上。测量时要将测压表的中心点放到井口固定点标志同一高程的水平面处。

（3）有压自流井中地下水水位测量方法的性能分析。测量时必须将井口完全密封，才能测到准确的地下水水位压力水头。有些测井连接有地下水开采管道、泵，有些井没有密封井口，有些井平时是有出流的，关上井盖和有关阀门后必须等一段时间才能测量。在这些处理工作中，应注意很多问题。但这是测量有压自流井中地下水水位的必需措施。

4.1.3.2　水位的自动监测

国家综合国力的提升，促进了地下水监测能力的提升，在 20 世纪 90 年代末，我国逐渐开展了地下水水位自动监测工作。

地下水水位自动监测需依托专用地下水水位自动监测设备。设备类型主要包括浮子式水位计、压力式水位计、声学（超声波）水位计、雷达（微波）水位计、激光水位计、电子水尺等。现阶段应用于实际地下水水位自动测量的主要仪器是浮子式水位计和压力式水位计两种类型。

1. 浮子式地下水水位计

（1）结构原理。浮子式地下水水位计和用于地表水的浮子式水位计结构原理相同，但由于使用环境不同，浮子式地下水水位计有其自身特点。

由于测井直径小，浮子式地下水水位计的浮子都呈细长的圆柱体。专用的地下水水位计浮子直径在 3～10cm，用于不同直径地下水监测井中的水位测量。

带球钢丝绳柔软，重量轻，使悬索和水位轮之间呈链传动方式，可以避免因使用小浮子、轻平衡锤造成的水位轮与悬索打滑现象，适用于浮子式地下水水位计。直接吊装在测井中的一体化浮子式地下水水位计整体呈细长圆柱体，直径都只有几厘米，包含了浮子水位轮感应部分、编码器、固态存储、控制电路、通信接口、电源等部分。

（2）主要类型。

1）安装在地面的浮子式地下水水位计。早期使用的浮子式水位计都属于这种类型，仪器只有浮子、平衡锤进入测井，仪器主体在地面上。

2）安装在测井中的浮子式地下水水位计。先进的仪器已经小型化、一体化，仪器主体或编码器也进入测井，悬挂在最高水位以上。在测井中安装的小型浮子式地下水水位计在仪器的主机内已包括水位固态存储器、数据处理电路、输出接口、电源等部分，水位轮、编码器需单独安装。其设计更合理、完善。

将主机用专门的悬吊缆索吊装在测井中，远离地面，工作环境比地面稳定，避免了很多干扰，有利于提高仪器工作的可靠性。但测井中比较潮湿，对仪器的外壳防护要求高，希望具有防水密封的外壳；安装在测井中，不如安装在地面上那样便于观察维护，希望仪器具有高可靠性和免维护性能，能够长期工作，不需维护和更换电池；仪器主机在测井中，读取地下水水位存储数据和地下水数据自动传输时，存储在主机内部的数据应该能方便地传输到地面或能方便地读取。大部分这种仪器在读取存储地下水数据时，都可以不将仪器主机提出测井，主机和地面依靠能够进行数据通信的线缆相连，按仪器数据传输接口的设计配备不同，分为通信电缆、光缆或无线通信方式。

仪器本身使用专门的悬吊缆索吊装在井中固定深度处，悬吊缆索常使用不锈钢丝绳，也可以使用不易伸长变形的合成材料绳索。通信线缆或光缆只作信号传输通信用，不能用作悬吊缆索，承受仪器重量。

（3）典型浮子式地下水水位计。图 4 - 10 是一种浮子式地下水水位计，其技术性能如下：①适用井径为 100mm（4in）；②适用埋深为 0～200m；③水位变化范围为 0～20.00m，分辨力为 1mm、1cm；④悬索为 1mm 钢丝绳；⑤水位轮周长为 200mm；⑥记录方式和能力为当存储间隔为 1h 时，可存储约 9 个月的数据；⑦存储间隔为 1min～24h，可设定；⑧仪器结构为编码器、数据记录仪、浮子平衡锤；⑨工作环境温度范围为－20～＋70℃；⑩电源为内置 1×1.5V DC 型电池，可连续运行 15 个月；⑪数据显示输出为 LCD 显示，4.5 字符，字符高 12mm；⑫接口为 RS－232、IRDA（红外技术）、SDI－12；⑬数据记录仪为外壳防护等级 IP68。

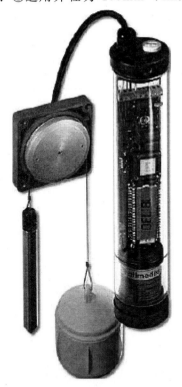

图 4 - 10　小型浮子式地下水水位计

小型浮子式地下水水位计可以整体安装在直径 120mm 的井管中。该水位计采用全量光电编码器，悬索有 0.5mm 钢丝绳和带球悬索两种可选。仪器具有遥测和数据的固态存储功能，整体构成一个地下水水位遥测站。

主要技术指标为：①浮子直径为 64mm；②平衡锤直径为 14mm；③水位测量范围为 0～10m；④测量误差为：量程≤10m 时，不大于±2cm，量程＞10m 时，不大于±2‰；⑤电源为 4.5V DC（3 节一号电池）；⑥数据传输通信方式为 GPRS（CDMA、短信）；⑦数据存储容量＞80000 组；⑧时钟误差＜3min/a；⑨工作环境温度－25～＋55℃（水体不结冰）；⑩湿度≤95％RH（40℃无凝露）；⑪外形尺寸为 ϕ120mm×410mm。

（4）特性。浮子式地下水水位计结构简单、可靠。只要测井口径可以满足安装要求，可以用于所有地点，水位测量的准确性也较高。

地下水埋深较大时，尤其要注意悬索、水位轮的配合，了解和控制可能产生的悬索滑动误差。还需要注意悬挂浮子和平衡锤的两根悬索是否可能发生缠绕。地下水测井管径小，浮子、悬索、平衡锤可能碰擦井壁，将增加测量误差或使仪器不能工作。

一些产品应用自收悬索的方法，不使用放入井中的平衡锤，以改善仪器的适用性，但可能产生另外的误差。选用浮子式地下水水位计时主要考虑测井口径是否合适，埋深也不宜太大。浮子式地下水水位计较适用于埋深小于 15m 的测井。

2. 压力式地下水水位计

(1) 原理、结构与类型。

1) 压力式水位计的原理。通过测量水下某一固定点处的静水压强，再根据水体容重，得到该固定点水深，从而得到当时的水位。其基本原理和人工测量地下水水位中的"测压气管法"原理相同，基本原理可参阅"测压气管法测量地下水水位"部分。但作为一种自动测量水位的压力式水位计，有多种测压方法和原理。

2) 压力式水位计的结构。常规的压力式水位计由压力传感器、引压管路 (也可能包括信号及供电电缆)、仪器、电源等组成。有的仪器需要有压气源。先进的一体化投入式压力式水位计的所有组成部分在一个仪器内。投入式压力水位计的压力传感器直接在水下测量点测量水压力，气泡式压力水位计的压力传感器安装在岸上仪器中，水下测量点的水压力用气管导引上来，在岸上仪器中测量。引压管路是一根高质量的工程塑料通气管。在投入式压力水位计中，引压管路的作用是将水上大气压引到处于水下测点的压力传感器内，使得压力传感器不受水面大气压力变化影响而测得正确的静水压力。投入式压力水位计常使用其专用电缆，其中包括引压管路、信号线缆、电源线。气泡式水位计引压管路的作用是使仪器中的压力传感器可以在岸上测到水下测量点的静水压力，由于气泡式水位计的调压功能，引压管路内的气压和水下引压管口的静水压力是相等的。岸上仪器是常规压力式水位计的主体，具有测压、控制、压力水位转换、显示、记录等功能。一般都采用蓄电池供电，少数气泡式水位计采用交流电源。一些压力式水位计本身带有水位数据存储功能，也留有用以遥测通信的接口，用于水位数据存储和遥测。先进的一体化投入式压力式水位计是一个整体，具有测压、处理、数据存储、输出等完整的测量功能，使用内置电池供电。可以放置在水下长期自动工作。

3) 压力式水位计的类型。投入式压力地下水水位计长期使用压阻式压力传感器测量压力，新型产品采用陶瓷电容压力传感器测量压力。由于很长一段时间都主要使用压阻式压力传感器，以至于常将投入式压力水位计直接称为"压阻式水位计"。陶瓷电容压力传感器测量压力的性能更好。

压阻式压力传感器。以前常用的压力传感器多为固态压阻式压力传感器，它是采用集成电路的工艺，在硅晶片上扩散电阻条形成一组电阻，组成惠斯登全电桥。由于硅晶体的压阻效应，当硅应变体受到静水压力作用后，其中两个应变电阻变大，另两个应变电阻变小，惠斯登电桥失去平衡，输出一个对应于静水压力大小的电压信号。常用的压力变送器是将上述压力传感器受压而产生的相应的电压信号，经放大、调理和电压/电流转换，最后输出一个对应于静水压力大小的 $4\sim20\text{mA}$ 的电流信号。这些电路和压力传感器组装在一起，称为压力变送器。压力传感器和压力变送器均为传感器的关键元器件。

陶瓷电容压力传感器。使用陶瓷电容压力传感器的投入式压力水位计的基本结构与使用压阻式压力传感器的投入式压力水位计基本相同，只是陶瓷电容压力传感器和压阻式压力传感器不同。陶瓷电容压力传感器原理图见图 4-11。

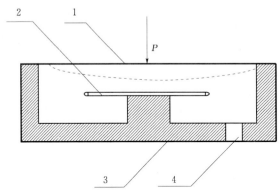

图 4-11　陶瓷电容压力传感器原理图
1—感压器片；2—固定电容电极；3—壳体；4—参考压通

电容式传感器是应用广泛的压力传感器。平行平板电容器的电容值计算式为

$$C = \varepsilon S/d \tag{4-1}$$

式中　　C——平板电容器的电容；

ε——平行平板间介质的介电常数；

S——板的面积；

d——两平行平板之间的间距。

陶瓷电容压力传感器通常采用双电容结构，在陶瓷膜片上同时烧结两个电容，一个是参考电容，以消除温度对传感器输出的影响，另一个是测量压力的电容，由测压陶瓷膜片和固定电极构成。平板电容器的平板一面感受需测量的压力，压力变化时，平板的弯曲程度改变两平板间的间隙，d 发生变化，电容量也随之发生微小的变化。压力变化和平板的弯曲程度之间存在稳定关系，两平板间的间隙 d 的变化对应了压力变化，故测得电容的变化可以推算出 d 的变化，从而测量出压力值。

只有采用高性能的材料、合理的结构强度以及先进的电容检测线路，才能得到精确、稳定的测压性能。陶瓷电容压力传感器采用高性能陶瓷制作承压膜片，在其上热熔镀金条构成电容，两个电容极板间距离很小，当陶瓷膜片受压弯曲变形后，两电容极板间距随之改变，电容也发生相应变化。高性能陶瓷材料的性能稳定，其蠕变、时间漂移、温度漂移都很小。对压阻式压力传感器性能影响较大的因素对陶瓷电容传感器的影响都很小，高精度产品温度漂移影响可以小于 ±1.8%F·S/100℃，零点稳定性可以达到 0.05%F·S/年。陶瓷电容压力传感器输出信号强，不需过多放大，受外界干扰小，其性能稳定、耐用。在一般工作压力下工作，寿命不受限制。高质量的产品可以承受 10^7 次满量程压力循环，可以承受超过最大压力 10 倍的外部压力而不损坏。

尽管可能使用不同的压力传感器，但是对产品的基本技术要求是一致的。用于地表水水位测量时，产品要采用机械阻尼和电气阻尼措施克服波浪对水位测量的影响，故应选择合理安装位置和设置护罩结构、增加阻尼等措施减弱流速对水位测量的影响。而用于地下水水位测量时不需要考虑水流流速、波浪影响，对传感器的阻尼要求不高。

压力式水位计从仪器的结构分类主要包括一体化压力式地下水位计、传感器＋主机形式的压力式地下水位计。图 4 - 12 为一体化压力式地下水水位计外形图，图 4 - 13 为压力传感器＋主机形式的压力式水位计外形图。

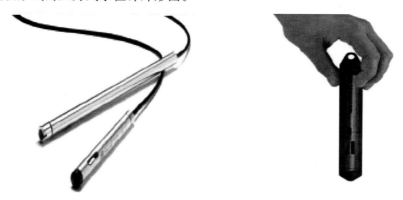

图 4 - 12 一体化压力式地下水水位计外形图

图 4 - 13 压力传感器＋主机形式的压力式水位计外形图

（2）安装应用。用于地下水水位测量的压力式地下水水位计都是投入式压力水位计，但有的压力式水位计使用通气电缆，有的不用，它们的安装方法也有不同。现阶段实际应用产品基本为使用通气电缆的压力式地下水水位计。因此以下只介绍使用通气电缆的压力式地下水水位计的安装。

1）传感器的安装。一般产品的传感器允许直接使用通气电缆将传感器悬挂在测井内，但这样的安装方法不适合长期使用，因为通气电缆可能伸长变形。有些仪器配有专门的悬吊缆索，这样的安装方法较好。如果仪器不配用专门悬吊缆索，应该自行配用缆索悬吊传感器，宜选用不锈钢丝绳悬吊仪器，较牢固，不易伸长变形，可以保证传感器在井内的高度位置不变化。悬吊绳在井口的固定也很重要，配置良好的仪器配有悬吊缆索、尺带以及适用于一定管径的专用安装井盖，并规定了悬吊缆索与传感器及专用井盖的连接方法。安装传感器总的要求是使其稳定地悬吊在最低地下水水位以下，不因时间变化而发生上下位移，所有连接缆索、信号电缆都应可靠连接。安装前，确定需测量的地下水水位最高、最低埋深，用人工方法测得当时的地下水埋深。根据以上数据确定悬吊缆索长度、传感器安装位置。将悬吊缆索连接在传感器上，通气信号电缆都已连接在传感器上。将传感器同通气电缆一起放入测井中，直至传感器降到需测量的最低地下水水位以下 3～5m 处。在地面上固定悬吊缆索，并适当固定信号电缆。对仪器的水位或埋深测量数据进行设置。安装完成后按仪器操作手册要求检查安装的仪器是否工作正常。

2）主机的安装。对于传感器＋主机形式的仪器，在地面上安装主机。一般只需将主机妥善地安放在监测井保护设施或站房内，装入内置电池电源或连接外供电电源。按仪器操作手册要求将信号电缆连接在主机上，开启主机，按要求设置一些参数，如时间、测量时间间隔要求、水位高程基准值、记录传输方式等。有些仪器有自校检查要求，按其说明进行仪器自校。设置校测完毕，仪器将测得当时的水位值，按仪器不同，此水位值可能是传感器上的水体高度，也可能已加上了仪器内设置的一个基本高程。可推算出传感器测值和这时的地下水埋深或水位的关系。

如果是一体化的仪器，这些设置一般要在安装前设置好，或者在安装后用配用的专用仪器或计算机通过信号传输电缆设置。有些仪器用光纤通信或无线通信设置和读取数据。

3）通气电缆的安装。通气电缆一端装在传感器上（出厂时已装好），另一端在水面上，与大气相连通。通气电缆中的塑料通气软管很细，中间孔的孔径不会超过 2～3mm。在工作中它必须保证通畅，因此在安装时不能将其当成普通电信号线一样处理，应注意以下方面：

a. 安装中和安装后，不能使通气电缆发生直接折弯现象，其弯曲应是圆弧状的，弯曲半径不应小于 20cm。

b. 为了防止因管中水气冷凝水的聚集而使通气管堵塞，通气电缆从主机到地下测井必须呈一个倾斜方向，中间在地面上的部分不能发生上下起伏。

c. 地面上过长的通气电缆不能盘起来挂在墙上或放在地下、桌上。正确的方法是剪去多余部分，以保证只向下倾斜。

d. 通气电缆末端的电信号线接入主机后，将通气管的末端端口的一小段向下弯曲，防止灰尘、异物、水滴落入管口。

e. 通气电缆价格较贵，尤其是进口产品，为了节省费用，可在传感器和地面主机间选用普通电缆。通气电缆的作用是将大气压引入传感器内，即要保证通气管口处于大气中。因此需要从传感器到最高水位的这一部分电缆选用通气电缆，在水面以上部分的电缆可以用一般的信号电缆与通气电缆中的电信号线接通就可以了。但必须注意这种连接应是十分可靠，且有很好的密封、绝缘措施。水面以上的通气管口也需要基本固定，管口要防止异物、水滴进入。这样的连接还可以减少因为使用较长通气电缆可能带来的通气管故障。有些产品的通气管口有防水、防冻的保护罩，按操作手册要求装上，使用中应注意维护。

（3）检测。经过检验，能保证其达到产品标准要求方可出厂。和其他计量仪器一样，在使用中应进行定期计量校准。检测校准方法和浮子式水位计基本相同。在野外时，都用人工测得的地下水水位与仪器测得的进行比较。在室内检测时，应该在专用水位测试设备上进行。压力式水位计可以用标准压力容器对仪器进行检定，这种方法有一定代表性。但对压力水位计的温度、时间稳定性、零点浮移值等的修正应使用专门试验设备、按规定方法进行。

现阶段的压力式水位计的产品标准中规定了对压力水位计的试验要求，总的要求和使用的设备和浮子式水位计基本一致，可参见浮子式地下水水位计的检测部分。应使用水位试验台，对压力式水位计的水位测量误差、回差、重复性等参数进行试验。用标准时间对其时间记录误差进行试验。

压力式水位计的一个应注意的问题是其测量准确性的漂移，主要是时间漂移和温度漂移。产品一般都给出这两个漂移的具体指标，以说明其水位测量的可靠程度。时间漂移常常以"年"来衡量，室内试验难以进行这么长时间的试验。在野外实际应用中的产品，在长时间的应用中，经受了各种条件、环境变化，不可能区分出哪些误差是因为产品时间漂移性能所造成的，所以时间漂移特性难以进行试验。作为一个测压元件，厂商可以从大批产品中抽样试验，在较长的试验时间内得到时间漂移性能。对一个压力水位计产成品，目前使用者还没有合适的方法对时间漂移性能进行试验。温度漂移对一个测压元件，很容易进行试验，只要控制测压元件所处的环境温度和压力，测量其输出特性，就可以确定其温度漂移性能。但对一台工作在水下的压力式水位计，要将整个试验水体准确地改变温度非常困难。前文已述，水位试验台高 10m 以上，水体是循环的，要随意改变温度是不可能的，难以进行温度漂移性能试验。要在真正的水环境中进行温度漂移试验，必须建立一个很小的水环境，可以改变温度，同时水位可以变化，并被准确地测量。建设这样一个用于投入式压力水位计的水位试验台是可能的，但现阶段国内可以进行压力式水位计的温度漂移性能试验平台非常少。

压力式水位计现场安装后，在开始应用的一个阶段，应该和人工观测的地下水水位进行比测，人工观测地下水水位时应使用悬锤式水位计，或者使用钢卷尺水痕法进行水位测量。比测时间长度和比测允许误差按《地下水监测工程技术规范》（GB/T 51040—2014）要求进行。在自动监测仪器的长期应用中，需要人工定期校核测水位准确性，所使用的悬锤式水位计也应是经定期计量的、有准确性保证的仪器。

（4）维护和应用中的问题。压力式地下水水位计的维护。一体化的仪器全部在水下自动工作，无需维护，但需要经常做一些检查，检查其悬吊是否牢固稳定。在很浅的地下水测井中，水中有生物繁殖，应注意检查避免堵住感压孔。定期检查测井口信号电缆的安装情况，保证通信可靠。电池使用寿命一般很长，有些产品需要用户更换电池，有些产品不要求用户更换电池。通信传输电缆要有防外力、防鼠咬的措施。

传感器＋主机形式的产品，除了水下传感器以外，要对地面主机和连接电缆进行检查。需要外供电源的要定期检查电源电压状况，内置电池应定期更换。这些仪器都是按长期自动工作要求设计的，基本不需要专门维护。如果架设在地面上的信号线较长，应穿入保护套管理地铺设。

压力式地下水水位计应用中的问题如下：

1）水位测量误差变化大，且超出允许范围。压力传感器的各种漂移会引起水位误差超出允许范围。压阻式压力传感器的各种漂移比较大，长期工作很可能产生大于±3cm 的水位误差。如误差并不很大，则需隔一段时间对仪器重新校对水位。水质中盐度、含沙量发生较大变化时，也会增大水位测量误差。

2）水位误差产生较稳定的系统误差。多数原因是在安装时，仪器的基准水位没有对准，从而形成系统误差。应重新进行人工测量水位，校测仪器的水位测值。在盐度较大的水中工作，没有考虑水密度影响，在水位变化大时，也可能产生系统误差。通常，压力水位计或者其测压传感器吊挂在测井中，吊挂悬索固定在地面井口设备上，但是有很多产品并没有规定的固定方式，或者对井口的固定方式设计没有具体要求，往往就使用不锈钢丝绳、合成纤维绳索或者可以悬挂重物的通信缆索等悬吊仪器，井口的固定方式也很随意。因为没有可靠的连接悬挂固定要求，在长期工作中，可能发生伸长、松动等现象，使井中水位计的位置下降，使水位测量值产生系统误差。这样的误差一般会使埋深减小，水位高程加大。

3）水位误差不正常，但仪器能正常工作。除了仪器故障外，最可能的原因是通气电缆的问题。要从各方面检查，检查通气管有没有折弯、有没有冷凝水在内部低下处积聚、是否有堵塞等现象。要防止发生这些故障，一旦发生了，难以立即排除，而一体化的压力式地下水位计的维修都要送生产厂家进行。长期应用中，比较容易发生通气电缆的折弯、进水（凝结水）的问题。

4）不使用通气电缆时可能的大气压测量误差影响。这种类型的仪器应用中，如果只设很少测量大气压的站点，分别代表附近一些站点的大气压，而这些站点如果距离较远或高差较大，因水面大气压相差较大，故水位测量误差也较大。如果它们的大气压差了1‰，用同一大气压数据进行修正，所测水位就可能差1cm。

4.1.3.3 地下水水位监测技术的发展

1. 人工观测地下水水位技术的发展

国内最早使用测钟测量地下水水位，各种型式的悬锤式水位计很早就开始出现，使用历史超过50年。开始时期的产品体积小、比较简单、产品化程度低。现在的产品工艺、结构大有改进，性能日趋完善，产品化程度也很高，使用效果能满足地下水水位测量要求。其质量与国外产品的差距很小，价格也低。

国外绝大部分国家早已不使用测钟，普遍采用悬锤式水位计。悬锤式水位计在很多国家用以设置、校核自记水位仪器的水位值，所以悬锤式水位计一直是非常重要的设备。

国际标准中建议的其他几种人工测量地下水水位的方法并不使用专门的仪器。人工测量地下水水位时应该使用悬锤式水位计，在需要准确测量时可以使用钢卷尺水痕法，这种方法的仪器成本也很低。测压气管法和在自流井中测量地下水水位的方法，在我国并不建议使用，需要进行一定的研究并规定测量规范。

2. 自动监测地下水水位技术的发展

（1）浮子式地下水水位计的发展。早期国内的此类产品主要是兼用于地表水水位测量的仪器，或稍作改动后于用于地下水测量的一般水位计。地质部门曾经使用过的红旗型浮子式地下水水位计的浮子较小，使用不锈钢丝绳悬索，用纸带记录水位过程，自记周期为1个月，目前已基本不生产了。

水文部门曾将划线记录的浮子式日记水位计用于地下水水位测量自记，自记周期可以改为1周，浮子也改小一些，只用于测井口径大于30cm，埋深10m左右的地下水水位测量和自记。

为了适应地下水水位自动测报系统的需要，在用于地表水的遥测机械编码水位计的基础上，研制了用于地下水水位测量的浮子式编码水位计。由于编码器安装在地面上，这类产品只能用于埋深不大、测井口径较大的地下水水位测量。自收缆索的浮子式地下水水位计开发不多，因其水位误差较大、性能不够稳定而使用很少。

这类国产产品的共同特点是浮子较小，其直径一般在 6～10cm 之间。另一特点是水位记录装置或编码器体积较大，阻力也偏大，都要安装在地面上。大多数产品并不是专门为地下水水位测量而设计的，至少没有设计成能较大范围地应用于各种地下水水位测井。国产产品的可靠性差别较大，大多数产品的水位测量准确性能达到规范要求。

国外的浮子式地下水水位计也曾较大范围地应用，现在虽然有了压力式地下水水位计，但浮子式产品仍有其应用场合。国外产品都是专门设计用于地下水水位测量的，其浮子很小。其早期产品和国内浮子式地表水水位计结构相同，都是纸带划线记录，不锈钢丝绳悬索，自记周期普遍大于 1 个月。这些产品使用效果较好，使用历史也很长，后因遥测和固态存储技术的发展才使这类不适应自动化数据传输、记录的仪器退出主流地位。为了适应遥测自动化的需要，也由于技术的发展，国外浮子式地下水水位计已存在一些很好的产品。

发达国家已经不用划线记录方式来自动记录水位数据，目前国外产品的整体功能比国产产品先进、完整、可靠性高，适用于各种大小的测井，但价格也高。国内还没有可以和国外先进产品相比较的浮子式地下水水位计。

（2）压力式地下水水位计的发展。国内用于地表水水位测量的压力式水位计在 20 世纪 90 年代才开始较普遍地应用，产品性能不太稳定。21 世纪才开始出现用于地下水水位测量的压力式水位计。

国内压力式地下水水位计产品的性能和国外产品差别不大，可以长期自动测量地下水水位，也可以用固态存储方式存储，且都能以标准接口输出接入自动化系统。有的可以自动测量水温并同时对水位进行修正，水位测量准确性可以基本满足规范要求。由于早期的压力式水位计稳定性差，需要经常校准水位，才能保证水位测量的准确性，只适用于有人值守的监测站点，影响了压力式地下水水位计的应用。此外，由于对自动测量记录地下水水位的需求不多、仪器存在技术问题、很少有专用监测井可以长期安装地下水水位计、经费不足等原因，导致压力式地下水水位计的发展缓慢。目前国内这些问题都有很大改善，随着仪器技术问题的解决和需求的增长，先进的压力式地下水水位计已在快速发展。

国外的压力式地下水水位计的发展很快，产品采用的先进技术不断更新，如压力传感器从压阻式发展到陶瓷电容式、数据记录存储量的扩大、功耗降低以至可以使用内置电池、结构的小型化和一体化、数据传输的标准化。这些发展使得压力式地下水水位计已成为先进实用的产品，在测量地下水水位时得到广泛应用。

4.2 岩溶水水质监测

4.2.1 地下水水质的监测方法

地下水水质的监测方法和地表水水质监测方法基本相同，只是使用环境不同，对方法和仪器的要求有所不同，如地下水水样采样方法和采样仪器就和地表水的差别较大。地下水水质监测方法分为实验室分析法（需采集水样）、现场仪器自动测量法、现场人工自动测量法和现场人工测量分析法（需采集水样）。

4.2.1.1 实验室分析法

这种方法需要在现场采集地下水水样，送回实验室分析处理。分析处理方法和地表水水环境监测方法一致，已有很完善的规定。

4.2.1.2 现场仪器自动测量法

使用固定安装在现场的水质自动监测仪器。一种方法是自动测量仪器的传感器在监测点地下水体中直接测量所需要的水质参数，并将测得数据记录下来，也可传输到数据收集中心，常使用电极法水质直接测量仪器。另一种方法是在监测点地面上安装包括水质自动分析仪等设施的水质自动分析系统，从监测井中自动抽取水样，进行自动分析，测得所需要的水质参数，并将测得数据记录下来，再传输到数据传输中心。这两种方法也是地表水水质自动监测的主要方法。水质自动分析系统过于庞大，不适用于地下水水质自动测量。

4.2.1.3 现场人工自动测量法

使用电极法地下水水质直接测量仪器，在现场用人工施测方法放入地下水体中，直接感应测量出有关水质参数，不需要采样。常用于比较单一或主要参数的一般测量。

4.2.1.4 现场人工测量分析法

在现场测量要求较高的一些水质参数时，在现场采取地下水样，就在现场用携带的便携式直接法水质测量仪或便携式水质分析仪在现场进行分析测量。

在以上的自动测量方法中，要使用电极法水质直接测量仪、自动水质分析仪和便携式水质分析仪等设备。

4.2.2 电极法水质直接测量仪

4.2.2.1 原理与结构

1. 工作原理

电极法水质仪的传感器放入水体中，能直接感测到某一水质参数的数值。一种电极只能测得相应的一种水质参数。感应头直接感应水质，没有可动部件，可以较长时期在水中进行连续测量。

测离子浓度的测量电极由一个离子选择性电极和一个电位恒定的参比电极组成。放入待测水体后，水中某种离子浓度会对相应的离子选择性电极起作用，改变测量电极两电极间的电位，测出此电位，就可以求得相应的离子浓度。测得的电位和离子浓度有较稳定准确的关系。

有些参数如水温、浊度、水深（压力）、电导率等也用一个"电极"来测量，但测量元件不是上述的电极，而是半导体或电阻式温度传感器、光电浊度探头、压力传感器等，测量电导率是直接测量水的电阻。离子选择性电极能用于 CN^-、F^-、Cl^-、NH_4^+、S^{2-}、SO_4^{2-}、NO_2^-、NO_3^-、K^+、Ca^{2+}、Mg^{2+} 等离子的监测。常规的温度、溶解氧、电导率、pH 值、浊度都用电极法自动监测。有些水质参数可以通过其他测得参数转换得到，如盐度可以从电导和水温得出，也属电极法测量。

2. 结构

用于地表水水质测量的电极法水质测量仪器的测量电极比较大，每个测量电极通过电缆和主机相连接，电极投入水体中或者安放在岸上的水样箱中测量水质。这样的结构显然不完全适用于地下水监测井。

用于地下水水质测量的电极法水质直接测量仪分为一体化结构的仪器和非一体化结构的仪器两种型式。先进的一体化结构的仪器和一体化压力式水位计类似，仪器主机和测量电极构成一个整体，其整体外形呈圆筒形，可以放入地下水监测井中。仪器上部是一圆柱形主机，其下端面有多个电极接插口，每个接插口可以接插上一个水质测量电极。测量电极和主机的接插连接是密封的，但也是可以插拔更换的，便于维护、更换。从一些典型产品的结构看，视产品规格不同，其整体直径为5～10cm；可安装的水质测量电极3～14个，可以测量3～14个水质参数。

图4-14所示为七参数水质测量仪，安装了8个测量电极和1个搅拌器，外径约7.5cm。8个测量电极中，有1个是参比电极，不直接测量水质参数，其余7个分别测量pH值、温度、浊度、电导率、溶解氧、氨氮、水深（压力传感器）。很多测量电极的接插结构都是标准化的，可以按照需要测量的水质参数选用，使得仪器的应用更加灵活，可以适应不同地点监测水质的要求。搅拌器的作用是使水质测量电极能接触到流动的水体，测得有代表性的水质；另一个作用是对水质测量电极有一定的冲洗净化作用，使测量准确、工作正常。

图4-14 一种电极法水质直接测量仪外形图

仪器的主机包括测控电路、数据存储器、电源、通信传输接口等。测控电路控制水质测量定时进行，读取测得数，存储在数据存储器内，控制数据通过传输接口被读出或传输。仪器主机连接有通信电缆将数据传至地面，可以遥测和实时传输。有的仪器需要提升到地面用专用电缆连接后读出存储数据，这样的仪器只用于水质数据的长期自动监测，不用于实时数据的遥测传输。

非一体化的电极法水质直接测量仪的总体结构和用于地表水的仪器相同，不过水质测量电极比较细小，可以吊装在地下水测井水下。水质测量电极连接有通信和电源电缆，连接到地面上的主机。测控电路、数据存储器、电源都在地面上的主机内。主机设有通信传输接口，可以读出和传输测得的水质数据。这一类仪器常用于人工测量地下水水质，很少用于地下水的长期自动测量，一般没有长期数据存储功能。

4.2.2.2 安装应用和检测

1. 安装应用

在地下水监测井中应用一体化的电极法水质直接测量仪时，只需要将整个仪器吊装在测井中要求的位置，此位置应该在最低地下水水位以下一定深度处。要使用另外的悬吊缆索吊挂仪器，不要用仪器的通信电缆直接吊挂，除非仪器说明允许这样的吊挂方法。非一体化的仪器只需将测量电极安装在井中水下，一般可以用通信电缆吊挂。主机安装在地面上时，按仪器说明书要求进行安装。这些仪器的自动化程度较高，但安装复杂，使用前要对仪器的说明书、操作手册充分了解，必要时应进行专门培训，才能正确应用仪器。

如果需要进行数据传输，还需连接好配用的信号传输电缆，也需要测站终端机，和压力式地下水水位计的安装基本相同。如果只是测量存储数据，应按存储数据采集的方法要求，连接采集电缆，也可能需要将仪器提上地面才能采集读出数据。

在将地下水抽出地面的场合，也可以在流出地面的地下水体中进行自动测量。常用方法是设置一小的水箱体，或在出水管道中放置水质自动测量仪器，自动测量水箱或管道中的水质。仪器所在处的水体必须是流动的，不断流动更新，数据采集或传输都在地面上进行。

2. 检测

和其他测量仪器一样，水质自动测量仪器也不可能长期保持其稳定的测量性能，它们受使用时间、仪器质量、工作原理和方法、环境条件等因素影响，测量性能、测量准确性会发生变化。为了验证仪器性能是否符合水质测量要求，需要定期进行检测。水质检测仪器已纳入计量仪器范畴，水质分析实验室要经过计量认证，为保证水质数据的准确、公正，使用的仪器、方法都应经过计量检定、认证。

在实际应用中可以用以下方法对水质仪器进行检测和比对：

（1）用标准水样进行检定。使用有相应资质的单位提供的标准水样，其中的某一水质参数是已知的，用被检定仪器对此水样进行测试，测得结果和标准水样已知此参数的含量比较，误差应该在允许的范围内。

（2）与确认的准确度更高的水质测量仪器比较。取一水样，分别用被检测仪器和准确度更高的仪器测量同一水质参数。以准确度更高的仪器为标准，被检测仪器的测值应该在允许的误差范围内。自行比对试验时，可以在野外现场进行试验。

（3）与实验室人工分析方法比较。取一水样，分别用被检测仪器和人工分析方法测量同一水质参数。以人工分析方法为标准，被检测仪器的测值应该在允许的误差范围内。人工分析方法由规范具体规定了方法，但也受试验设备和试验人员影响，其结果也不完全一致。

（4）生产厂会提供一些标准配方，由用户自行配制某参数的"标准水样"，用检测仪器测试此水样，定期校核仪器的测值。

水质检测仪器应该定期进行检定，正式检定应该送交有检定资质的单位进行。在使用中应定期自行进行比对试验，自行比对试验时可以采用上述方法。为了保证自行比对试验的有效，应该针对不同方法制订出详细的自行比对试验方法，其内容应包括比对方法步骤的详细规定、对所用仪器设备物质的具体要求、对操作人员的要求、比对试验得到的数据和处理要求、结果的计算方法、比对试验结果的判定原则。

4.2.2.3　维护和应用中的问题

1. 仪器的维护

电极法水质测量仪器工作时必须放入被测水体中，人工应用测量结束后应该进行清洗，仪器操作手册有相应规定。长期自动工作的仪器，少数传感器可能有自洁净设施，如带有超声波清洗功能的浊度传感器、带有搅拌器的测量仪器。但传感器长期浸泡在水中，尽管地下水比较洁净，测量电极上仍会附有污物，多数传感器在长期自动工作中必须定期进行清洗。电极传感器上附有污物后，轻则增大测量误差，重则不能工作。多数清洗方法只需要用水洗，洗去附着的污物，个别电极需要用化学溶液如盐酸泡洗。清洗周期与电极和水体水质有关，可能在半个月至半年之间变化。水很脏时，或测量要求高时，半月清洗1次很有必要。

一些测量电极需要定期更换易损件，主要是透水膜。仪器操作手册规定了更换周期，但水质差时应缩短更换周期。有些产品可以由用户自行更换测量电极，更换时要严格按规定进行。仪器使用中不能发生碰撞，尤其是电极感应部分。不同仪器的维护要求不同，应按操作手册要求执行。

2. 应用中的问题

测量误差大于仪器允许误差是应用中的主要问题。对测量地表水的仪器，其主要原因是测量电极上吸附污物太多，在水质污染严重的站点更可能发生，应该根据水质情况增加清洗次数；也可能是未及时更换易损件而引起的。测量地下水时，水质一般较稳定，不易产生上述情况，进行规定的清洗可以减少这一因素影响程度，但较多的清洗会增加自动监测站的工作量。

电极法测量水质时仪器需要定时校核，误差较大时，应进行一次自行比对试验，以确定产生误差原因。质量不稳定的仪器使用一段时间后，本身性能下降，经检测后，能发现是否确实是仪器质量原因。

4.2.3　地下水水质自动分析仪器

要达到一定的准确性，很多水质参数只能由分析人员在实验室内进行人工分析。为了适应野外自动测量的需要，研制了一批自动分析仪器，这些现场水质自动分析仪能在野外自动采集水样，自动进行实验室里的分析工作，并得到某种水质参数的分析结果。这些仪器都用于地表水水质自动测量，也可以用于地下水水质自动测量。

4.2.3.1　工作原理和结构

1. 工作原理

水质自动分析方法很多，原理复杂，主要有以下几种基本原理：

（1）加入某种试剂与待测参数反应，直至这种参数物质消失。通过测定加入的试剂量，得到某一水质参数含量。同时要应用某种方法测定这种参数物质反应消失的时间，才能测得加入的试剂量。也可以加入过量的试剂，保证被测参数物质消失，然后再测出加入试剂的残留量。

（2）通过各种光学方法测定某些物质含量，如紫外分光光度仪常被应用，紫外光也被用来催化反应，光谱分析方法的应用也很广。

（3）使用内置测量电极测量自动分析过程中某种物质的浓度，从而换算得知需测定的水质参数量。

（4）用其他方法转变或消耗掉需测参数物质，再测定转变后的物质量或转变时需要的某种物质量，从而确定需测的水质参数量。

现场水质自动分析仪实际工作时，先将被测水样抽入分析仪中，按不同参数分析要求，水样可能被加热，加入各种试剂，被内部的电极、光学测量器测量等。这些过程都是自动的，加热和加入试剂的时间、速度、量以及其他动作都是自动控制的。自动分析结束后，仪器应能自动完成放水、排液、冲洗内部管道等动作并回到等待状态。测得数据能自动处理计算、储存和自动输出。

一个水质自动分析单元只用于分析一个水质参数，同时需要相应的分析试剂。自动分析是一个操作测定过程，需要一定时间，视仪器和被测参数的不同，这一过程多数在数十秒至数十分钟的范围。

水样从被测水体中抽上来后，在进入自动分析仪前要进行水样预处理。水样预处理的时间差别很大，水样可能可以直接进入仪器，也可能要经过沉淀过滤，去除泥沙、杂物等。

2. 结构

现场水质自动分析仪都安装在一较大的机柜中，也可能在一个机柜中装有1个以上的水质参数测量单元，但一般不会超过3个。装有需用的各种试剂的容器也在机柜中，或在机柜下，工作时仪器会自动将需用的各种试剂定时定量地抽吸入自动分析装置。应用时将仪器安装在离需测水体较近的地点，可以将测点处的水抽引到仪器水样进口，设置好工作方式就可以自动工作，测得数据均经由标准接口输出。图4-15是两种现场水质自动分析仪的外观图，机柜中是水质参数测量单元，也包括了自动分析装置。

仪器结构由水样采集装置、试样计量器、试剂计量器、反应器、反应终点测定装置、数据显示装置、药液输送装置、试液排出装置、自动清洗装置、程序控制装置、数据传输装置（通信接口）以及机箱、面板等部件组成。图4-15中，左边机柜中有3个水质参数测量单元，图中①是程序控制和数据传输装置，②是反应器，③是水样管路，④是使用的分析试剂桶。

使用水质自动分析仪器需要在现场自动抽取、处理水样，分析后要排出水样，对仪器进行清洗，所以还需要一套附加设备。附加设备主要包括以下部分：

（1）取水装置。使用现场水质自动分析仪时，可以将取水管的取水头安在测井中的水下测点处，直接抽水进入仪器进行水质自动分析。取水头应能自动位于要求的位置，能满足于水下一定深度的要求。

（2）冲洗和水样预处理功能。取水设备中有一些储水装置和输水管道，长期应用中必

图 4-15 现场水质自动分析仪外形图

然会有污物和沉淀，也可能有生物污染。应该有完善的自动冲洗功能和除去附着藻类的功能，才能保证其内部的洁净，满足水质分析对水样的要求。水质自动分析仪自己也需要清洗，一般都具有自动冲洗功能，但需要水源。自动冲洗功能可能包括用压缩空气冲洗，有时需要进行化学清洗，如酸洗。

天然水体还含有各种物理、生物成分，在进行自动化学分析前要去除水样中这些成分，可能要进行沉淀、过滤、除菌、除藻处理。这些过程也必须是自动化的，还必须能较长时期地免维护工作。

（3）取水装置。水样采集系统主要设备为采水泵与取水管道。最好采用地下水采样泵，如使用一般的电动泵，应考虑采得水样对水质参数的影响。水样采集系统、管道需要保温、防冻、防淤、防藻等措施。一般规定，取水系统提供的流量至少应能满足所有仪器用水量的150%。

3. 取水装置的形式

取水装置基本上都是抽水式的，直接从测井中抽吸。如果允许从抽出地面的地下水水流中接取水样，采样方法就比较简单。但要注意能达到对取水装置的上述各项要求。现场水质自动分析仪可以用于绝大多数水质参数的自动监测。现场水质自动分析仪功耗较大，必须用市电作为电源。

4.2.3.2 应用和检测

1. 应用

现场水质自动分析仪是按地表水要求设计的，其体积、功耗、抽水及水处理系统都不适用于地下水，所以极少将水质自动分析仪器安装在地下水测井现场自动测量地下水水质。

用现场水质自动分析仪器自动测量地下水水质时，要从地下水测井中直接抽取水样，在地下水埋深较深时、对采样方法有规定以及需要分层采样时，对水样采取设备有特殊要求，应主要考虑选用符合要求的地下水水样采样泵。所有设施都安装在地面上，只有采样设备或抽水管道进入测井。

2. 检测

检测方法和电极法水质直接测量仪相同，只是水质自动分析仪的准确度较高，宜使用标准水样和实验室分析方法进行检测。

4.2.3.3 维护和应用中的问题

地下水水质自动监测并不适宜采用水质自动分析仪，除非在很重要的特殊场合。因为设备庞大、需要对输水管路进行清洗、要适应地下水采样要求等问题，应用条件较苛刻，维护工作量也大。但从性能上讲，这类仪器是可以用于地下水水质自动监测的。

4.2.4 人工直接测量地下水水质的仪器

这些仪器都是便携式的，分为便携式直接法水质测量仪和现场水质分析仪两类。这两类仪器主要用于地表水水质的现场人工测量，也可以用于地下水水质的现场人工测量，需要在现场从测井中采取水样（或投放入测井的水体中）进行测量，产品种类较多。

4.2.4.1 便携式电极法水质直接测量仪

这类仪器测量参数的范围很宽，和电极法自动测量仪器相同，测量原理也相同。按照不同需要，很多仪器只测量某一个水质参数，只有数字显示或简单的测量结果存储功能。一些仪器具有多参数测量功能，但测量参数不会很多。大多数仪器的测量电极和主机是分开的，用专用电缆连接。

使用时在现场将仪器的测量电极吊放入测井的水体内，等待很短一段时间后就可以在主机上读出测量的水质参数数据，测量结束后将测量电极收回地面。也可以在现场的地下水水样、抽出地面的地下水体中直接测量。使用完毕后，要对测量电极进行清洗。专门用于地下水水质测量的产品可能配有悬吊放入测井中的悬索（电缆）以及测量地下水埋深的设施，具有悬锤式水位计的功能，可以发出接触地下水水面的信号，测得地下水埋深，同时控制仪器的入水深度，其数据传输有专门的设计。

这类仪器的测量准确性和电极法水质直接测量仪相同。由于并不长期在水中工作，测量电极的维护较简单，使用环境对其测量准确性的影响比对长期自动工作仪器的影响小。但仍需定期按规定进行检测，检测方法和电极法水质直接测量仪相同。

4.2.4.2 现场水质分析仪

有些参数不适合用电极法测量，但又需要在现场得到结果，在应急监测、调查以及部分巡测中有这种需要，需要应用现场水质分析仪。

现场水质分析仪是一个小型的水质分析设备，可以是一便携式的水质分析箱，内装所需仪器、试剂、器材；也可以是一套车载的水质分析设备，相当于一个小型流动实验室。其分析方法一般都比较简易，可能和实验室基本一致，也可能就使用电极法水质直接测量仪进行测量，但都需要在现场采取水样。

这些设备主要用于地表水水质测量，也很适用于人工测量地下水水质的应急监测和巡测的场合，也称为水质快速检测仪、应急现场水质分析仪，见图4-16。

（a）应急现场水质分析仪　　　　　　　　　　（b）快速COD测试仪

图4-16　现场水质分析仪外形图

4.2.5　地下水水质监测仪器的应用状况和发展

4.2.5.1　国内水质的观测方法和应用仪器现状

国内对地下水水质的观测方法基本上是取水样后在实验室内进行分析，少数部门使用现场水质分析仪、便携式电极法水质直接测量仪在现场进行监测。正在实施的国家地下水监测工程将在部分区域布设应用电极法的水质直接测量仪在测井中，以实现长期自动监测水质。

4.2.5.2　水质自动监测仪器的应用效果

电极法水质直接测量仪在测井中长期自动测量时，水体对测量电极的污染会影响应用效果；在地表水使用中，这类影响有时很严重。地下水的水质一般优于地表水，这类影响可能小一些。国内使用经验很少，还难以对这类影响作出评估，但影响是肯定存在的，这些影响还与测量参数的种类有关。结合在压力式地下水水位计一起的电导率测量，在使用中效果较好。现场水质分析仪的应用效果与用于地表水并没有较大差别，但要注意采样方法。

4.2.5.3　水质自动监测仪器的发展

需要水质自动监测的地下水测井，一般都使用电极法水质直接测量仪器。水质自动分析仪的性能很好，但其庞大的结构、复杂的取样分析过程、大量的维护工作以及较高的价格使其不适用于地下水水质自动监测。

4.3　岩溶水水量监测

4.3.1　开采量和泉水溢出量监测方法简述

岩溶水一般是人工开采或以泉水方式流出地面。出流量一般都比较小，以水泵抽取时

一般不会超过 $1m^3/s$；水文地质调查中经常要进行地下水测井的抽水试验，试验中要连续监测从测井中抽水流量的变化过程。泉水出流一般都小于 $1m^3/s$，暗河的规模可能较大，但完全属于河流流量测验范围。

以水泵抽出地面时可以按管道流量的方式进行测量。以泉水形式出流地面时，出水量的测量和渠道流量测量方式相同。这两类流量的监测方法和使用仪器都有规范规定，也比较成熟。岩溶水以地下暗河方式流出地面后形成地表河流，其在岩洞的地下部分也具有河流的性质，可以用河流流量测验方法进行监测。

4.3.2　地下水出水量的监测要求

现阶段没有对地下水出水量提出明确的监测技术要求。比较明确的规定都是针对地表水的流量测量的，并不完全适用于地下水出水量的监测，对地下水出水量的监测只有一些原则性的要求。结合这两方面的情况，对地下水出水量的监测要求可以归纳为以下三方面。

4.3.2.1　监测方法

总水量基本上都通过测量流量，再计算总水量。一部分通过管道流量计直接计测总水量。由于地下水的流量小，以渠道流量测量时适用堰槽法（主要使用薄壁堰）、流速仪法等流量测量方法。测量水泵抽取的地下水量时，适用水表法、工业管道流量计、孔板流量计、电量（电功率）法等方法，也可以应用堰箱和末端深度法测量。

4.3.2.2　流量测量准确性要求

作为水资源测量，流量测量准确性希望能优于 $\pm 5\%$，甚至更高。还没有明确的对地下水出水量监测的准确性要求，一些相关规范提出了测量参数的读数要求，如"水位读数应精确到毫米""水位误差应优于 $\pm 3mm$""流量表观测量精度应不低于 $0.1m^3$"等。这些规定和流量测验准确性并没有直接关系。

4.3.2.3　监测方式要求

只规定了定期观测，监测时间间隔也有差别，除了特殊开采井和抽水试验外，一般的监测时间间隔在 10 天以上。现阶段尚未规定自动监测的要求。不过在一些供水生产井上，供水企业都自动监测抽水量。

4.3.3　水量的监测

开采量监测方法包括人工、自动和调查三种。人工监测方法主要包括水表法、水泵出水量统计法和堰槽法。自动监测方法包括水表、超声波流量计、电磁流量计等。用水定额统计法根据各类开采井用途按用水定额统计开采量。泉流量信息监测可采用堰槽法或流速仪法。

4.3.3.1　开采量监测

1. 水表（冷水水表）法监测开采量

一般的冷水水表的水量指示器只能由人工观读，为了自动化测量水量和自动控制的需要，生产了电子水表，型式较多。其基本原理是在一般冷水水表的基础上，对应水量指示器上某一转动轴安装信号发生装置，使得该轴转动一圈产生一个电信号。此电信号可以传输、自动测量记录。通过自动测得的信号能了解经过水表的水量，并能自动控制取用水。为了不增加水量指示器转动阻力，不破坏水表的完整性，信号发生装置都是非接触式的，每一信号代表 $1m^3$ 或 $0.1m^3$ 水量。电子水表可以用于远距离传输、自动化测量水量，也被称为电子远传水表。是冷水水表中的一类产品。

冷水水表长期应用于自来水水量测量，发展成熟，有一系列标准规定了其规格、技术性能、检定等技术要求。适用范围为：流量范围 $0.6\sim4000m^3/h$；水温范围＜30℃；适用公称管径 $15\sim800mm$。水表依靠螺纹接头或法兰连接接入管道。管道公称口径 40mm 以下的用螺纹连接，公称口径 40mm 以上的用法兰连接。冷水水表早期从国外引进，使用的是英制管道规格，"公称口径"是指管道内径，以前常用英制，现在已近似地用公制表示。连接螺纹是管螺纹，仍是英制规格锥管螺纹，国家标准称为"用螺纹密封的管螺纹"，和英制规格的国际标准相同。法兰连接规格符合国家标准《灰铸铁管法兰尺寸》（GB 4216.4）。

水表的安装应用。水表直接安装在管道中，小口径的用密封锥管螺纹安装，较大的用法兰盘安装。用于地下水抽水井的冷水水表，其公称直径一般小于 200mm。管道中安装水表处的前后一定距离内应有弯管、阀门、管径变化，离开这些位置的距离宜大于 10 倍管径。

按水质情况决定是否需要在水表的上游管道内配备内部过滤器，并应注意清洗。电子远传水表中的信号发生输出部分按其操作手册进行安装。需要电源时，应保证电源的可靠，不应直接应用交流电源。应注意工业环境对电子远传水表的电子电路工作和信号传输的影响。

2. 水泵出水量统计法

水泵出水量统计法是利用安装在水泵抽水专用电路中的计时器，记录电路的通电时间，即水泵的抽水时间。人工记录每次水泵开机和关机的具体时间，水泵开启一次记录一次，填入《地下水监测工程技术规范》（GB/T 51040—2014）表 B.1.6 地下水开采量监测（水泵出水量统计法）原始记载表按月统计水泵开机总历时。同时填写每年在枯水季节和丰水季节实测的水泵出水量平均值。在未实测水泵出水量时，可以填写水泵每小时额定出水量（m^3/h）。一个地区可以根据水泵型号实测典型开采井的出水量，其他开采井参照使用。

根据开机总历时和水泵出水量按月统计监测井的实际开采量，并根据各月统计值汇总监测井的年实际开采量。利用所监测不同水泵型号单个开采井的年开采量，根据区域各类水泵数量以及水泵用途，可以估算区域实际年开采量。

水泵出水量统计法一般用于不连续的开采井中，比较适合农、林、渔业的开采井统计开采量。

3. 堰槽法

堰槽法主要包括三角形薄壁堰和巴歇尔槽等。在 21 世纪前农业灌溉等开采地下水时，绝大部分采用大水漫灌，地下水由水泵抽至毛渠再流至灌溉的农田，在毛渠可以利用堰槽法监测开采量。现阶段随着农业节水工作的深入，喷灌已经替代了大水漫灌的农业灌溉方式，因此堰槽法基本不适用于地下水开采井的流量监测。一般用在泉流量监测，堰槽法监测相关介绍见泉水监测相关内容。

4. 超声波流量计

根据对信号检测的原理超声流量计可分为传播速度差法（直接时差法、时差法、相位差法和频差法）、波束偏移法、多普勒法、互相关法、空间滤法及噪声法等。以下主要介绍声学时差法管道流量计。

（1）测量原理。声学时差法管道流量计利用声学时差法原理测量管道中的水流速度。在管道的上下游相对的管壁上安装一对声学换能器，收发声学测量波束。声波斜向通过管道内的水流，当上游的换能器向下游的换能器发送声波时，声波顺水传送，传播速度是声速和水流速度之和。反之，下游的换能器向上游的换能器发送声波时，声波逆水传送，传播速度是声速和水流速度之差。根据这两个传播时间之差和两个换能器之间的距离以及声波传播方向和水流夹角，可以计算平均流速为

$$\overline{V} = \frac{L}{2\cos\theta}\left(\frac{1}{t_{12}} - \frac{1}{t_{21}}\right) \tag{4-2}$$

式中　$\overline{V}$——垂直于测流断面的断面平均流速；

　　　L——两换能器之间的距离；

　　　t_{12}——两换能器之间声波顺水传输时间；

　　　t_{21}——两换能器之间声波逆水传输时间；

　　　θ——两换能器之间连线与水流夹角，一般为 $45°$。

声学时差法管道流量计可测量满管水流的某一个或几个直径的平均流速，也可测量平行的几个水层的平均流速。由测得流速推算，或以测得流速代表管道平均流速，再依据管道过水断面面积和管道平均流速（一般还需要加入流速系数）推算流量。

（2）仪器结构和应用。声学时差法管道流量计分为换能器和主机两部分，用专用电缆连接。声学时差法管道流量计通常用于圆形管道，换能器用外夹方式安装在管道外，或者已制作成两端带法兰连接的管道（测量管）形式接入管道内。用于地下水管道流量测量时，管道直径小，只需使用单路（声束）流量计，基本采用测量管形式接入管道内。管道直径很大时，管内水流干扰较大，或流量测量准确性要求高时，才使用多路（声束）流量计，测量两个以上直径（或水层）的流速。

（3）声学时差法管道流量计的安装。

1）安装夹装式流量计时应满足以下要求：

a. 每一声束的一对换能器安装距离要按产品说明书要求计算得出，计算时要考虑水温、声波入射角、管道内径、管壁厚度、材质中的声速因素。

b. 安装处上、下游直管段长度应符合产品要求。

c. 换能器的安装位置要准确，相对声束方向要一致、对准。

e. 外夹换能器安装时，安装处管壁除净铁锈、油漆等杂物，露出金属；在换能器表面和管壁间涂以耦合剂，使换能器面与管壁紧密接触；换能器应牢固地安装在管壁上。

f. 连接换能器和流量计主机的电缆应有防护、防雷措施。

2）安装管道形式的流量计时，其测量管中心轴线与原管道直管段中心轴线偏离应小于3°；测量管上、下游的直管段应符合产品要求。

5. 电磁管道流量计

（1）测量原理。基于法拉第电磁感应定律，电磁流速仪可用来测量多种导电液体的流速。天然水在不同程度上导电，可以用此原理测速。根据法拉第电磁感应原理，在与测量水流断面和磁力线相垂直的水流两边安装一对距离为D的检测电极。当水流以$\overline{V}$的流速流动时，水流切割磁力线产生感应电动势E。此感应电动势由两个检测电极检出，其数值大小与流速成正比，即

$$E = KB\,\overline{V}D \tag{4-3}$$

式中　E——感应电动势；

　　　　D——电极间距；

　　　　B——磁场强度；

　　　　$\overline{V}$——水流断面平均速度；

　　　　K——系数。

已知D和外加磁场B，测得E，经过率定得到的K就可以计算出$\overline{V}$。

电磁管道流量计应用电磁学原理测量管道中水流平均速度，由管道内径计算管道过水面积，推算流量。

（2）仪器结构和应用。电磁管道流量计包括分离型和一体型两种。分离型的传感器和主机是分开的，用电缆连接。一体型的传感器和主机是一个整体，安装在管道上。电磁流量计基本都是通过管道接入。

（3）电磁流量计的安装。安装处上下游管段长度应符合产品要求；分离型流量计的主机应单独安装；一体化的电磁管道流量计按法兰连接方式要求将测量管形式的流量计接入管道。分离型的主机单独安装后用电缆和传感器连接。

4.3.3.2　泉水流量监测

泉水流量一般较小，很多泉水的泥沙含量较低。针对这些特点，可以优先考虑使用量水建筑物法，如三角形薄壁堰、巴歇尔测流槽等；也可以利用流速仪法测量泉水流量。应用量水建筑物法测量流量时，只测水位，可以方便地做到自动测量。可以应用各种自动水位计监测上游水位，只是水位准确度要求高，水位测量误差最好优于±3mm，除水位测针外，一般水位计难以做到。应用流速仪法时，按河流流量测验规范进行，水量和流速很小时，可以考虑使用小浮标测速的方法。

1. 三角形薄壁堰

（1）结构。三角形薄壁堰是一挡水薄板，中部开有一三角形过水缺口，总体结构尺寸见图4-17。其堰口锐缘的形状要求较高，应符合图4-18的要求。

薄壁堰的堰板和堰口可以是一整体，需要将堰板缺口边缘加工成图4-18要求的形状，这样的加工是比较困难的。在要求高的场合，常单独加工堰口板，再装在整体堰板的缺口上。在大型堰上用混凝土制成堰板，再用钢板加工成堰口，装在混凝土堰板上。小型堰可用木板制作堰板，用铁皮加工成堰口形状，装在木质堰板上。

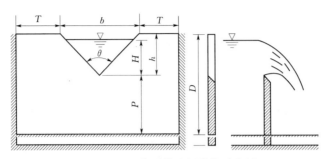

图 4-17　三角形薄壁堰结构示意图

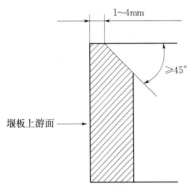

图 4-18　薄壁堰堰口锐缘
形状示意图

薄壁堰堰板厚度 δ 与堰上水头之比 δ/H 应小于 0.67。堰板与水流垂直，也与水流渠道的侧岸（墙）垂直。薄壁堰下游水位应较低，使水流通过薄壁堰缺口形成的水舌完全挑离堰口射出。水舌下部与空气接触，为了达到这一目的，下游水位应低于堰顶 0.1m 以上。

在距堰板上游 3～6 倍堰顶最大水头处测量水位，测量高于堰顶的水位（水头），一般堰板前的行近渠道长要大于 10 倍渠道宽。

堰上水头不能太低，要求大于 0.03m，否则流量测量误差较大，测量水位（水头）的水尺或水位计应该能读到 0.005m 的水位分辨率。

（2）堰上水位测量。堰顶高程测量。三角形薄壁堰的堰顶是一个三角形的顶点，由于加工的原因，实际上的顶点很可能不是理论上的三角形顶点，而水头起始零点应该在三角形理论上的顶点所在处。因此在制作薄壁堰时，应使实际顶点尽可能趋近于理论顶点。堰顶高程可以采用直接测量法和间接测量方法，主要包括水面平衡法和水准测量方法等。

1）堰上水位人工测量方法。

a. 水尺测量。这是最简单的水位测量方法，在堰板上游规定的距离处设立水尺。水尺可以是在渠道边坡上的斜坡式或直立式水尺，直接从水尺上读取水位（水头）。

b. 水位测针测量。为了达到较高精度的水位测量，可以用水位测针观测堰上水位（水头）。水位测针可以测得分辨力为 0.1mm 或 1mm 的水位值，水位测量准确性也很高。

2）堰上水位自动测量方法。

a. 静水井。堰上水位的自动测量使用水位自动测量仪器，为了仪器的应用，也为了能测得准确的水位，需要在堰上渠道边建造一小型静水井，其井径大小等应满足所用水位计的要求。

b. 利用水位测量仪器。堰上水位测量也属地表水水位测量，只是水位变幅小，测量准确度要求高。所用的自动测量仪器主要是浮子式水位计，也可以使用压力式水位计、超声波水位计等。

（3）流量计算。

在自由水流状态下，即堰口水流完全排离堰顶射出，水流下部与空气接触，此时计算

流量 Q

$$Q = \frac{8}{15}\mu\sqrt{2}\,g\tan\frac{\theta}{2}H^{2.5} \qquad (4-4)$$

式中　μ——流量系数；

θ——堰顶夹角（直角三角形薄壁堰的 $\theta = 90°$）；

H——堰上水头，m；

Q——流量，m^3/s。

2. 测流槽

工作于自由水流状态的薄壁堰要求较大的水位落差，测量的流量也较小。如果水位落差不大，流量也较大，适合用测流槽监测流量。

不论是何种堰都要在水流内修一挡水建筑，不可避免地会出现堰上淤积并存在较大的水头损失，这使实际使用受到很大限制。槽法测流可以在相当程度上避免上述缺点。典型的测流槽是巴歇尔槽，另外还有一些类型，如孙奈利槽等，也较实用，但都不如巴歇尔槽使用普遍。

巴歇尔槽（Parshall Flume）的使用历史很长，也是使用得很成熟的测流槽。它的基本形状见图 4-19。

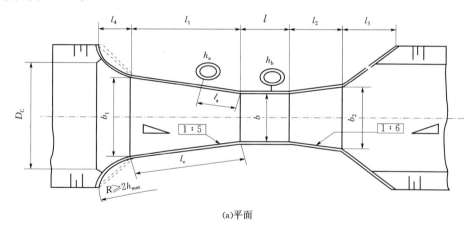

(a)平面

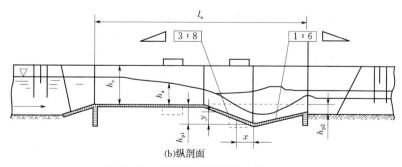

(b)纵剖面

图 4-19　巴歇尔槽形状示意图

在自由水流状态，只要测得一处水头 h，也就是从槽底开始的水位，则流量为

$$Q = Ch_a^n \qquad\qquad (4-5)$$

巴歇尔槽的测流范围为 $0.002 \sim 3\mathrm{m}^3/\mathrm{s}$。对应于监测流量的大小，巴歇尔槽的大小也不同。其喉部宽度可以为 $0.15 \sim 1.8\mathrm{m}$（$6 \sim 72\mathrm{in}$），相应的计算公式中，C 为流量系数，a 的取值（变化范围）是 $0.3 \sim 4.5$，n 在 $1.53 \sim 1.60$ 变化。

通过观测入流断面水头（上游水头 h_a）和喉道断面水头（下游水头 h_a）即可确定巴歇尔槽的过水流量。应根据测流槽的水流状态确定需要观测一个还是两个水头。在自由流状态下，只需观测水头 h_a。建议水头 h_a 的观测断面位于槽顶上游距离 L_a 处。

在测验精度要求不高时，可以使用位于入口收缩壁内侧、在水头观测断面内设置的直立水尺来确定水头 h_a。应仔细地将水尺零点调到槽顶高程，槽顶高程就是入流段下游末端处水平槽底高程。在精度要求较高，或使用水位自动记录仪器时，应建立静水井。

如果巴歇尔槽在淹没状态下运行，则需要同时观测 h_a 和 h_b 两个水头。水头 h_b 的观测断面应安置在喉道内，离开喉道转折点的距离为 X。由于喉道中的水流是相当紊乱的，必须建立静水井。巴歇尔槽的尺寸、形状以及不同使用条件下的 A 和 n 都可从专用手册中查到。

巴歇尔槽可以在室内制作好再安装到现场，也可以在现场整理渠道后用建筑材料现场建造。因为其槽体平坦、下倾，加之束水作用明显，槽内流速加快，不会产生较多淤积，可以长期使用。尽管仍有一定水头跌落才可以正常使用，但水头损失相对较小。此测流槽测量精度可以达到 $\pm 5\%$ 的要求。测量水位的方法、仪器和三角形薄壁堰相同。

3. 流速面积法

如果泉水涌水量较大，形成地面径流，自然可以用流速面积法进行监测流量。测量流速的仪器可以是各种流速仪，同时测量水深和起点距，计算流量，测量方法已有《河流流量测验规范》（GB 50179—2015）规定。地下水流量可能很小，形成浅水低速水流，测量时应选用规格适宜的流速仪或使用小浮标测流，但这些方法不能满足自动监测的要求。这些方法也适用于岩溶形成的地下暗河等地下水出流的流量监测。

4.3.3.3　水量监测设备的检定

水量监测仪器设备是计量法确定的计量仪器。水文流量测验由于其测量的特殊性，其地表水（明渠）流量测验还未完全纳入计量范畴，但管道流量测量仪器属国家计量仪器范围，计量仪器必须定期由有资质的检定检测机构检定，以检测仪器的常规性能及测量参数的测量准确性是否达到要求。

对地下水水量监测仪器，测量的结果是流量和总水量，而总水量更为重要。流量和总水量都不能直接测得，要用间接法测量，先测得流速、水位等参数，再根据某些模型、经验公式计算得到流量。影响最终监测结果的参数较多，在仪器计量检定中需要全面考虑。这些仪器在野外使用，一些影响因素只依靠室内检定不能完全代表现场实际情况，还需要在使用现场进行测验比对。

另外仪器的检定检测情况比较复杂。在检定检测中，已有检定规程的要按检定规程进行检定；有现场比对方法规范的，按规范规定在现场进行比对；没有检定规程但有仪器标准规定试验要求的，要按仪器标准要求进行试验。

4.4 岩溶水水温监测

4.4.1 地下水水温的监测要求

《地下水监测规范》(SL 183—2005)要求水温的观测允许误差为±0.2℃,同时气温的观测允许误差也是±0.2℃。

《地下水监测工程技术规范》(GB/T 51040—2014)要求:

(1)监测水温的测具,最小分度值不小于0.1℃,允许误差的绝对值不得超过0.1℃。

(2)人工监测水温应符合下列规定:水温测具放置在地下水水面以下1.0m处,或放置在泉水、正在开采的生产井出水水流中心处,静置5min后读数。同一次水温监测连续进行两次操作,两次操作数值之差不应大于0.4℃,否则应重新监测。将两次监测数值的算术平均值作为本次监测的水温值。

(3)水温测具应每年检定1次,检定测具的允许误差绝对值不得超过0.1℃。

《地下水监测工程技术规范》(GB/T 51040—2014)提高了水温测量准确性要求,也提高了测温仪器的精度要求。

4.4.2 地下水水温的测量方法与仪器

4.4.2.1 测量方法

《地下水监测工程技术规范》(GB/T 51040—2014)要求在井中地下水水面以下1.0m处测量地下水水温,或者在出流泉水和正在开采地下水的出水水流中心处测量地下水水温。测温仪器应在指定位置放置5min后再读取数据。在测井中测量时需要使用自动水温监测仪器,或者使用专用的人工测温仪器。

4.4.2.2 地下水测温仪器

1. 人工测温仪器

可以应用测量地表水水温的水温计、深水温度计、颠倒温度计、金属电阻温度计、半导体温度计测量地下水水温。前3种仪器需要人工读取水银温度计读数,后2种可以数字显示温度。

在地表水测温中,水温计适用于测量水的表层温度,水温测量范围-2～+40℃,分度值0.2℃。使用时,要停留在测点感温5min以上,离开水面后要在20s内读取温度计读数,再倒去容器内水体。深水温度计可以用于40m水深以内的地表水水温测量,水温测量范围-2～+40℃,分度值0.2℃。在用于地下水水温测量时,可参照上述指标性能。

颠倒式温度计被环保部《地下水环境监测技术规范》(HJ/T 164—2004)建议为测量地下水水温的仪器。深水温度计的直径较大,品种也极少,其深水测温效果优于水温计,但应用得极少。

现阶段应用最多的仍是水温计,尽管其测量深水水温的性能较差,但因为结构简单、耐用、使用方便而成为一般深度水温的普遍应用仪器。地下水测井中水体水温相对比较一致，使用水温计测量水温，不易出现较大误差，水温计直径小于10cm，可以用于大部分地下水监测井。所以水温计可以用作地下水测井中水温的人工测量仪器。在地下水出流地面的水温测量时，也可以使用水温计进行水温测量。将水温计投入水流中心处，使水温计盛水容器内充满水体，放置所规定的时间后，与水样一起取出，读取水银温度计的水温读数。

2. 自动测温仪器

自动测量水温的仪器主要使用半导体测温元件和金属电阻测温元件，使用的测温元件可能不同，但从仪器的结构上没有差别。自动测温仪器可能是完全独立的一台水温测量仪器，也可以只是作为一种测量水温的功能存在于其他地下水测量仪器中。

图4-20　水温自动测量仪

（1）组成。水温自动测量仪器由感温探头、测量主机、连接电缆组成，见图4-20。

感温探头一般均呈细长圆柱形，外部包有不锈钢外壳，连接有专用电缆。感温探头内装半导体热敏电阻或金属热电阻。外部温度传入感温探头内，改变测温元件的输出电阻，测得温度。

水温自动测量可以作为一种功能存在于其他地下水测量仪器中。压力式地下水水位计基本都带有水温自动测量功能，大部分地下水水质自动测量仪器也带有水温自动测量功能。在相应的压力式地下水水位传感器和水质自动测量传感器上都装有一个温度传感器，放在水体中测量水温。

（2）技术性能。一般仪器应能达到以下技术要求：①水温量程为0～70℃；②水温测量基本误差为±0.2℃或±0.1℃；③水温分辨力为±0.01℃或±0.1℃；④电源为内置电池；⑤电缆长度＞20m。

第 5 章　岩溶水资源监测数据管理

5.1　岩溶水资源监测数据的类型与特点

5.1.1　数据类型

岩溶水监测站采集的信息包括所有监测项目的数据，监测数据按不同属性进行不同的分类，主要按监测属性和时间属性进行分类。

5.1.1.1　按监测属性分类

将岩溶水资源监测数据按监测属性分类，可以分为不同的监测要素，如水位、水质、开采量等。它们是描述各监测属性基本特征的重要信息。由于各监测站在岩溶水监测站网中所处的地位不同，各站监测的项目也有所差异，对所监测的数据进行处理和加工的深度要求也各异。

5.1.1.2　按时间属性分类

岩溶水资源监测数据可以分为实时监测数据和历史数据两种。前者指在现场监测获得岩溶水相关属性信息，并及时传输到相关部门，汇总后供各级行政部门掌握全面情况，作为及时决策依据的数据，如水源地开采期间的岩溶水水位等。历史数据是指已经监测到的数据，在发挥过实时作用后的数据均属于历史数据。由于岩溶水资源监测数据具有不可重复性，因此严格意义上说，只有正在监测的数据是实时的，已经测到的数据均属于历史数据，但从其实际应用出发，认为历史数据一般是指各岩溶水监测站有史以来的实测数据及已经整编处理好的岩溶水资料。

5.1.2　岩溶水资源监测数据的处理、传输与存储

岩溶水监测站的各类原始数据，均需要科学的方法和统一要求的格式整理、分析、统计，提炼成为系统、完整且满足精度要求的资料，为各级相关部门应用提供基础信息。

岩溶水数据处理的主要内容包括收集、校核原始数据，计算、编制实测成果表，计算逐日成果表和监测数据摘录表，进行合理性检查，编制数据处理说明书。其处理的方法包括手工资料整编和计算机资料整编。

从测站采集到监测数据，最后都将传输至各级中心。信息流程由各中心的需要和管理

要求以及通信信道决定。一般传输流程为，岩溶水监测站→监测分中心→上一级中心，传输距离也基本从近到远。

岩溶水资源监测数据的存储一般采用整编成果纸质、岩溶水年鉴、岩溶水图集和岩溶水数据库等方法。随着国家地下水监测工程相关信息系统建设的推进，我国将建成覆盖各省区及水资源分区的技术先进、标准统一、集中与分布相结合的国家级监测运行管理体系；完成现有岩溶水数据资源整合，基本建成库表结构标准统一、数据源完整的包括岩溶水资源监测信息的地下水数据库。实现岩溶水资源监测信息的统一管理，构建信息管理和服务平台，提高岩溶水资源监测信息服务的标准化和智能化水平。

5.1.3 岩溶水资源监测数据的特点与管理

5.1.3.1 数据特点

1. 不可再生性

自然变化过程的不可重复性决定了岩溶水资源监测数据不可重新产生，岩溶水资源监测数据是一类特殊的产品。

2. 系统性

岩溶水资源监测数据表现为数据量大，系列长，时序性、连续性强。

3. 类别多样

(1) 按要素类别分类：水位、水质、开采量、泉流量等。

(2) 按时序类别分类：日内各时段、逐日、月、年、多年等。

(3) 按统计特性分类：日平均、日最大、日最小、月平均、月最大、月最小、年平均、年最大、年最小等。

(4) 按成果来源分类：实测、整编、图表等。

4. 规律性

规律性指反映岩溶水特性的变化规律，如各要素的时空变化、年内及年际间的变化及规律等。

5. 相关性

相关性指岩溶水监测站之间、相同数据项各时段之间、不同要素之间存在着相互关联性。

6. 复杂性和不确定性

岩溶水资源监测要素受到补给量、排泄量等多项条件影响，由于条件的改变，要素的规律将会发生变化，如人类活动增加开采量的影响等。

7. 可重复利用性

岩溶水资料作为信息类资源，有别于其他大部分物质资源的就是其可重复利用，而且随着资料系列的不断延长，其可利用效益也将不断增加，可利用这一特性发挥其最大的作用。

5.1.3.2 管理模式与理念

1. 平台式管理模式

将岩溶水数据统一到一个管理平台，尤其是将仪器端的数据直接接入平台，可以保证数据的单一性及溯源性。整个数据管理平台上，同一个数据应避免在多点出现。数据管理的各相关单位共处同一平台，有利于数据处理的标准或规范的统一。

需要增加数据自动预处理手段，减少人工操作，提高效率，技术管理人员的时间和精力可以用在对数据的分析及研究上，而不是对原始数据的处理上，从而提升数据应用水平。

在同一平台上，可以加强数据共享及互通。对于新的分析模型或相关研究成果可以及时分享及应用。

2. 数据的质量及精度

监测站点仪器设备的计量及校准的频繁度决定了原始数据的精度。而这些计量及校准工作往往被忽视或没有被考虑到数据的后期处理中。因此现在发达国家已经将校准后出现的误差加入到数据处理的环节里，而且可以在线完成。

仪器设备质量或其他条件因素可能导致原始数据的质量差异，而且修正处理方法多样，往往在"自动监测站"层级完成，但维护技术人员的水平及经验参差不齐，这些都会影响数据质量及精度。因此对岩溶水原始数据从监测到最终的入库，都应该具有统一的质量级别的定义及对数据处理结果的审批和记录。高质量级别的数据直接可以供整编系统或第三方模型系统的调用。

3. 物联网思维管理

管理中需要快速查询监测站仪器设备的安装信息，实时掌握设备的运行情况。通过对仪器设备运行中的关键参数，如电压、在线率、故障率等的监测及统计，对仪器进行有效管理。

5.2 岩溶水资源监测资料整编

资料整编就是按照科学的方法和统一的格式对各类岩溶水原始资料进行整理、分析、统计、提炼，使其成为系统的整编成果的过程。整编成果包括主要观测资料的实测成果、各项目整编成果以及用图表和必要文字概括的综合说明资料。

岩溶水资料在许多方面使用的是系统的、长系列的资料，但由于监测条件等多方面原因影响，多数原始资料是不连续的瞬时值，而且资料可能存在错误、观测中断或缺测。因此，这些资料一般不能直接应用，必须经过加工整理及整编，形成可应用的成果。

岩溶水资料整编工作随着电子计算机的应用与发展而发展，资料整编组织形式则随整编技术的发展而变化，现阶段应用计算机技术实现资料整编已经进入常态。相关资料整编规范要求的落实已经贯穿于利用计算机资料整编的各个环节。

5.2.1 整编方法及内容

资料整编就是通过去伪存真、由此及彼、由表及里，使成果逐渐逼近近似真值的一个过程。整编成果的质量不但取决于整编的理论、方法是否正确合理，工作是否认真细致，更主要的还要取决于原始资料正确可靠的程度。

通过整编，可以检验测验的成果质量，发现和解决测验中的问题，提出改进的途径和方法。反之，改进的测验方法又能够促进整编成果更合理、可靠。所以，测验是整编的基础，整编是测验的总结，两者互相联系、互为促进。

岩溶水资料整编包括如下工作内容：①收集相关资料，包括原始资料、补充调查资料等；②考证基本资料，包括检查站位置，监测站变更情况等；③审核原始资料；④编制整编成果表、成果图；⑤编制资料整编说明；⑥审查验收整编成果，并进行存储和归档。

5.2.2 资料考证与审核

5.2.2.1 基本资料考证

基本资料考证是岩溶水监测资料整编的重要前提，考证的基本资料包括：

(1) 监测站的位置、编码。

(2) 监测站的监测方法、误差。

(3) 监测站布设、停测、更换的时间，监测站类别、监测项目、频次变动情况。

(4) 监测设备检定和校测情况。

(5) 监测站附近影响监测精度的环境变化情况。

(6) 监测井深、淤积、洗井、灵敏度试验情况。

(7) 高程测量（包括引测、复测和校测）记录。

(8) 当监测站监测方式为自动监测时，还应考证监测站运行和维护日志。

5.2.2.2 原始监测资料审核

原始监测资料审核是岩溶水监测资料整编的重要基础工作，审核内容包括：

(1) 原始记载表的填写格式。

(2) 原始记载表计算数据的准确性。

(3) 测具检定和高程校测的结果及由此导致的监测数值的修正。

(4) 自动监测站监测数据日值计算方法合理性。

(5) 单站监测资料合理性，具体内容包括：①利用上年末水位、水温数据，计算本年初监测数据合理性；②对比审查同一含水层组各监测站之间监测资料的合理性；③对自动监测数据进行对比分析；④审查水质样品的监测、保存、运送过程，水质分析方法的选用及检测过程，水质检测质控结果和各种原始记录资料的合理性。

5.2.2.3 整编成果质量控制

1. 做好基本资料考证

基本资料考证是整编工作的基础，必须做细、做实。只有对各种情况特别是变动情况进行彻底、清楚的考证，才能整编出合理、可靠的成果。否则，不加考证，盲目整编，将难以有效保证整编成果的质量。

2. 将质量控制贯彻监测和整编工作中

重视日常监测，发现问题及时解决，把好原始资料收集质量关；合理安排工作顺序，对各环节质量进行控制，如在数据录入阶段，利用整编系统设定检测埋深不应大于井深，注解符号为地面积水时埋深应为 0 等。

3. 加强分析

加强整编过程中的分析是掌握岩溶水变化规律、要素关联程度的过程，因此要全面了解测验情况。当遇到矛盾和问题时，要深入调查研究，认真分析，力求采用的整编推算方法合理，符合测站特性等。

4. 提高整编工作的规范化水平

技术标准是整编工作的法规和依据，只有认真贯彻标准及规范，才能达到统一标准、统一规格，保证整编质量。

5.2.3 水位资料整编

5.2.3.1 水位资料整编技术框架

水位资料整编包括原始监测资料的考证、数据的插补、数据合理性检查、整编成果的存储等。根据岩溶水位资料利用计算机开展整编工作的实际情况，结合资料整编环节、实施流程等，绘制水位资料整编技术框架图，见图5-1。

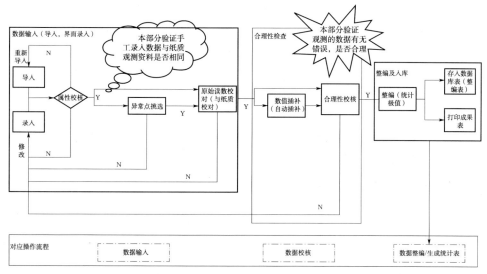

图5-1 水位资料整编技术框架图

5.2.3.2 基本资料考证与原始资料审核

1. 基本资料考证

确定监测站的位置、编码是否变更；监测方法为人工监测还是自动监测；监测设备的检查和校测是否满足监测要求；监测站附近影响监测精度的环境是否变化；对于自动监测站，需检查其运行维护日志情况等。

2. 原始资料审核与处理

（1）对于人工监测站，审核时以水位记载簿为依据，抽检水位计算的正确性，审查水位的缺测、插补、改正是否妥当，井干、井冻等情况的处理是否合理等。

（2）对于自动监测站，则需审查记录文本的完整性、数据的合理性。

（3）在遇到水位缺测而未插补时，而且满足对于逐日监测资料，每月缺测不超过 2 次且缺测前、后均有不少于连续 3 个监测数值者可插补；5 日监测资料，每月缺测不超过 1 次且缺测前、后均有不少于连续 3 个监测数值者可插补的情况，整编时应予以插补。插补方法包括内插法、趋势法和相关法。

1）内插法。当缺测期间水位变化平缓，或虽然变化较大，但与缺测前后水位涨落趋势一致时，可用缺测时段两端的观测值按时间比例内插求得。

2）趋势法。当缺测期间水位有一定起伏变化，如相邻监测数据完整的测站水位过程基本相似时，可参照相邻监测站水位的起伏变化趋势进行插补。

3）相关法。当缺测期间的水位变化较大，或不具备上述两种数据插补的条件，且与相邻监测站水位直接有密切关系时，可采用相关法。

5.2.3.3 数据合理性分析

在基本资料考证、原始监测资料审核基础上，开展水位合理性分析。现阶段水位资料整编通常是通过相关应用软件完成。在数据录入完成后，通过单站数据分析、多站数据分析和综合分析实现水位数据的合理性分析。

1. 单站数据合理性分析

（1）异常点挑选。对同一监测站，若 B 监测时间点与其相邻的 A 监测时间点差值的绝对值，大于该点（即 B 点）前后 1 个月的相邻点差值的绝对值的算术均值，则 B 点为异常点。

（2）年内过程线分析。通过绘制监测站数据整编年度的地下水位变化过程线，发现年内水位变化趋势的异常情况。

（3）多年同期过程线分析。通过绘制监测站多年同期地下水水位变化过程线，比较相同时段水位变化趋势，从而发现监测站水位变化的异常情况。

（4）本年初与上年末数据对比分析。通过比较本年初与上年末水位监测值的变化幅度，参照所设定的阈值，发现监测站水位变化异常情况。

2. 多站数据合理性分析

同时绘制相邻几个监测站年内水位变化过程线，通过比较各监测站年内水位变化趋势，找出水位变化趋势异常的监测站。

3. 水位及其相关要素变化趋势分析

（1）水位与降水变化过程分析。绘制监测站年内水位和降水量分析图，通过水位变化趋势与降水量变化趋势的关系分析，找出水位变化异常数据点。

（2）水位与开采量变化过程分析。通过绘制监测站年内水位和开采量分析图，通过水位变化趋势与开采量变化趋势的关系分析，找出水位变化异常数据点。

4. 处理水位异常数据

对于通过水位合理性分析检查出的水位不符合实际的现象，应深入调查，发现疑问时应分析并查清原因并予以妥善处理。

5.2.3.4 水位整编成果表的编制

经过合理性检查的数据则进入水位整编成果表编制环节，通过已经计算过的水位、埋深数据，进行特征值统计，包括月统计、年统计等。

1. 统计内容与要求

统计内容包括月统计和年统计。

（1）月统计。月平均水位值、月内最高、最低水位值及其发生日期。

（2）年统计。年平均水位值，年变幅，年末差，年内最高、最低水位值及其发生月、日。

根据相关规范要求，针对不同类别监测资料、资料连续性的不同情况，确定统计规则。对于月内无缺测资料，进行月完全统计；年内无缺测资料，进行年完全统计；对于逐日水位资料，月内缺测不超过 4 次者，进行月不完全统计；超过 4 次者，不进行月统计；对于 5 日水位资料，月内缺测 1 次者，进行月不完全统计；超过 1 次者，不进行月统计；对于年内月不完全统计不超过 2 个或仅有 1 个不进行月统计者，进行年不完全统计；年内月不完全统计超过 2 个或不进行月统计者超过 1 个，不进行年统计。

2. 成果表生成与输出

在完成年度水位成果表相关统计项目基础上，则进入成果表的生成与输出环节。现阶段一般依托整编软件实现成果表的打印输出，并提供成果表导出功能。

5.2.4　水量资料整编

水量资料整编包括监测井开采量和泉流量资料整编。

5.2.4.1　开采量资料整编

1. 监测资料审查与合理性分析

（1）基本资料考证与原始资料审查。水量监测站基本资料考证内容基本同水位监测站。水量监测站原始资料审核与处理内容主要包括审查监测资料的完整性，对于缺测水量资料不得插补；经审核定为"可疑"的水量监测资料，按"缺测"对待。

（2）数据合理性分析。开采量监测方法包括水泵法、水表法和定额法。对于利用水泵法监测的原始资料，日累计历时不应超过 24h，对于 31 天的月份月累计历时不应超过 744h，对于 30 天的月份月累计历时不应超过 720h，对于 29 天的月份月累计历时不应超过 696h，对于 28 天的月份月累计历时不应超过 672h；对于水泵出水能力也应结合水泵口径进行合理性检查。对于利用水表法监测的原始资料，相邻 2 次水表读数的后一次应大于前一次的数值。对于定额法监测的原始资料应结合开采井用途核实定额的合理性。

2. 水量整编成果表的编制

（1）统计内容与要求。水量监测资料只进行年统计，数值统计内容包括单站年开采量，年内最大、最小月开采量及其发生的月份。井群年开采量，年内最大、最小月开采量及其发生的月份，最大、最小单站年开采量及该监测站的编号。数值统计应符合下列规定：

1）无缺测资料，进行年完全统计。

2）单站缺测 1 个月开采量时，可进行年不完全统计；缺测超过 1 个月时，不进行年统计。

（2）成果表生成与输出。在完成年度开采量成果表相关统计项目基础上，则进入成果表的生成与输出环节，现阶段一般依托整编软件实现成果表的打印输出，并提供成果表导出功能。

5.2.4.2　泉流量资料整编

岩溶泉流量监测全国只在部分地区开展，资料整编的统计等相关要求基本同开采量整编要求，一般监测数据为按月提供。成果表生成与输出依托整编软件完成。

5.2.5　水质资料整编

5.2.5.1　监测资料审查与合理性分析

水质监测站基本资料考证内容基本同水位监测站。审核原始资料包括检测任务书、采样记录、送样单、最终检测报告及有关说明等原始资料。发现问题需及时查明原因，原因不明时应如实说明情况，不得任意修改或舍弃数据。数据合理性分析包括异常点挑选阴阳离子平衡分析等。

（1）数据异常点挑选。水质监测数据的异常点挑选采用本次与上测次数据对比的方法。当本次对应因子的数据在上一测次数据的 70%～130% 范围内，则该因子为正常点，否则为异常点。即 $-30\% \leqslant$ 〔（本测次数据－上测次数据）/上测次数据〕$\leqslant 30\%$ 时为正常数值，不在该范围时为异常数值。

（2）阴阳离子平衡检查。K^+、Na^+、Ca^{2+}、Mg^{2+} 四种阳离子与 Cl^-、SO_4^{2-}、CO_4^{2-}、HCO_3^- 四种阴离子要满足（$\sum$阴－$\sum$阳）/（$\sum$阴＋$\sum$阳）的值在 $\pm5\%$ 内。（有时 K^+ 与 Na^+ 合在一起，一般情况下以总硬度的当量浓度作为 Ca^{2+} 与 Mg^{2+} 之和。）

（3）总硬度检查。总硬度与溶解性总固体比值范围应为 0.4～0.9。

（4）溶解性总固体、电导率检查。溶解性总固体与电导率比值范围应为 0.5～0.8。

（5）钙、镁检查。钙离子指标应大于镁离子指标。

（6）氨氮检查。当溶解氧＜2时，氨氮＞硝酸盐氮。

5.2.5.2　水质整编成果表的编制

对审核合格的水质监测资料进行分类整编，并按特征值进行统计；之后根据整编的水质资料进行地下水类型计算，一般采用单一指标法对地下水质量实施评价。在此基础上，通过整编软件实现水质监测成果表的输出。

5.2.6　水温资料整编

5.2.6.1　监测资料审查与合理性分析

水温监测站基本资料考证内容基本同水位监测站。水温监测站原始资料审核与处理内容主要包括审查监测资料的合理性等。缺测水温资料不得插补；经审核定为"可疑"的水温监测资料按"缺测"对待。

水温监测资料合理性分析包括异常点挑选、多年同期比较法、水温气温对比法。水温的异常点挑选只对5日和逐日的监测站进行挑选。挑选规则与方法同水位监测数据的异常点挑选。多年同期比较法也类似水位监测数据的分析方法。水温气温比较法通过绘制水温、气温监测值的过程线图，根据两者的变化趋势分析水温监测数据的合理性。

5.2.6.2 水温整编成果表的编制

水温监测资料只进行年统计，包括年平均水温值，年最高、年最低水温值及其发生的月份，年内水温变幅，当年末与上年末的水温差。年内缺测1次者，进行年不完全统计；超过1次者，不进行年统计。在完成相关特征值统计基础上，通过整编软件实现水温监测成果表的输出。

5.3 岩溶水自动监测信息管理平台

按照岩溶水监测体系规划建设监测站网，遵循监测技术要求，采用科学方法，在构建布设岩溶水监测站网，装配地下水自动监测设备后，则需要按照统一的标准建设岩溶水信息管理与服务平台，提高监测数据服务于最严格水资源管理制度和相关研究的水平。根据国内岩溶水自动监测设备应用实际，岩溶水自动监测信息管理平台首先实现对岩溶水水位和水温监测信息的管理。其他监测维度信息管理需要不断完善。

5.3.1 建设目标与原则

5.3.1.1 建设目标

建立岩溶水相关信息综合数据库，与地理信息系统相结合，实现岩溶水监测信息接收、处理、交换、管理、分析和共享，为实现岩溶水资源的动态科学管理和开发利用奠定基础。

5.3.1.2 设计原则

1. 充分利用已有资源的原则

充分利用已有研究成果、已建立系统及相关数据。

2. 按照软件平台、地理信息和数据库标准建设的原则

严格按照国家及行业规定的软件平台、地理信息系统和综合数据库的技术标准、数据规范、接口标准进行项目的开发，利用成熟的技术，注重系统的兼容性、可维护性。

3. 先进性和实用性相结合的原则

保证系统在技术上的规范性与先进性，使系统具有优良的性能。充分考虑系统的实用性和易用性，系统的操作界面要求尽量完备和简洁友好，并能提供实时、有效、准确的数据信息，为相关管理部门逐步提高决策的科学化和透明度提供支持。

4. 易管理性和扩充性的原则

系统具有开放的接口和灵活定制的功能，能实现对表单、人员、权限等的灵活定制。当需求发生变化时，能在不进行代码级、数据库级改动的情况下实现系统的改变。除此之外系统还应具有强大的扩展能力，实现数据共享，并能适应发展的需要和满足不同的需求。

5.3.1.3 术语与定义

1. 水位与埋深

（1）水位。指地下水的水位，为地下水的自由水面的高程，水位可能为正数，也可能为负数。

（2）埋深。埋深指地下水自由水面到地表的距离。

2. 日水位、日埋深

（1）测站级。

1）日水位。对人工测站，同一天只有一条监测数据，即为其日水位；对自动测站，如果同一天内存在多条数据，取当天8时的水位作为该自动监测站当天的水位监测数据。

2）日埋深。等于该测站的地面高程与日水位之差。

（2）区域级（包括乡镇、区县或者市）。

1）日水位。等于该区域内各个有数据的测站日水位的算术平均值。

2）日埋深。等于该区域内各个有数据的测站日埋深的算术平均值。

3. 月末、年末水位埋深

（3）测站级。

1）月末水位。该月26日的日水位。

2）月末埋深。该月26日的日埋深。

3）年末水位。该年12月26日的日水位。

4）年末埋深。该年12月26日的日埋深。

（4）区域级（包括乡镇、区县或者市）。

1）月末水位。该月26日所有有监测数据测站的日水位算术平均值。

2）月末埋深。该月26日所有有监测数据测站的日埋深算术平均值。

3）年末水位。该年12月26日所有有监测数据测站的日水位算术平均值。

4）年末埋深。该年12月26日所有有监测数据测站的日埋深算术平均值。

4. 月、年平均水位埋深

（1）测站级。

1）月平均水位。测站该月所有日水位的算术平均值。

2）月平均埋深。测站该月所有日埋深的算术平均值。

3）年平均水位。测站该年各月月平均水位的算术平均值。

4）年平均埋深。测站该年各月月平均埋深的算术平均值。

（2）区域级（包括乡镇、区县或者市）。

1）月平均水位。该月所有有数据测站的月平均水位的算术平均值。

2）月平均埋深。该月所有有数据测站的月平均埋深的算术平均值。

3）年平均水位。该年各月区域月平均水位的算术平均值。

4）年平均埋深。该年各月区域月平均埋深的算术平均值。

5.3.2　需求分析

近年来越来越多的软件工程技术人员认识到需求分析是系统开发中最关键的一个过程。只有通过软件需求分析，才能把软件功能和性能的总体概念描述为具体的软件需求规格说明，从而奠定软件开发的基础。许多大型应用系统的失败，最后均归结到需求分析的失败：要么获取需求的方法不当，使得需求分析不到位或不彻底，导致开发者反复多次地进行需求分析；要么客户配合不好，导致客户对需求不确认，或客户需求不断变化，致使设计、编码等无法顺利进行，因此需求分析具有决策性、方向性、策略性的作用。

在系统开发过程中，充分重视需求分析的重要作用，通过与岩溶水监测管理业务人员的反复沟通，充分了解业务流程等相关知识，确定系统建设目标、系统设计原则，提出系统功能、性能与安全性需求，在比较复杂的需求规格说明中，运用样图等技术手段使需求规格说明尽可能详尽、清晰，最大程度减少需求变更，促进系统开发更加顺利进行。

5.3.2.1　功能需求

根据系统建设目标、系统设计原则，结合岩溶水监测管理与业务流程，确定系统功能需求主要包括如下一些模块。

1. 空间查询与预警

实现监测站在 GIS 图上空间分布等的查询、水位监测超量程预警、水位数据接收异常情况查询、水温数据接收异常情况查询、水位超量程预警功能。

2. 基本信息管理

实现地下水监测站测站编码等基本信息以及变更信息、地下水监测站的实地照片等基本信息数据的增加、删除、修改、查询以及导入、导出功能。

3. 监测信息管理

实现原始数据、生产数据的管理；挑选监测站异常数据，通过绘制单站数据过程线，实现单站数据的分析，并将分析结果通过表格和相关标识加以展示；通过绘制在 GIS 图上任意圈选的区域内多个监测站的过程线，辅助分析监测站水位变化幅度的合理性。

4. 业务报表

实现岩溶水分区日报表、单站月报表、岩溶水分区月报表、单站年报表、水位对比统计表等相关业务报表生成和导出功能。

5. 系统管理

实现监测站参数管理、预警声音管理以及增加用户，同时为用户分配角色，继承角色权限，同时可对角色权限进行特殊设置。

系统功能结构框架及详尽说明见图 5-2。

5.3.2.2　性能需求

系统总体性能主要包括软件平台、数据精确性、系统处理速度、容量要求、查询速度要求、应用系统性能、适应性等方面。

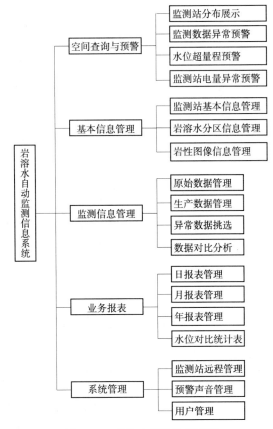

图 5-2 系统功能结构框架图

1. 软件平台

（1）体系结构。浏览器/服务器结构。

（2）数据库平台。支持大型数据库系统。

（3）开发工具。需要面向对象的编程语言，应具备强大网络程序开发功能。

2. 数据精确性

数据加载、统计计算、制表等功能必须精确，保证数据的准确性。

3. 系统的处理速度

要保证每日更新信息的及时获取、处理、入库。

4. 系统的容量要求

系统要求采用大型数据库系统，对数据库记录数的增长没有限制，并且保证大容量数据库的可操作性。

5. 查询速度要求

由于系统数据记录的增长速度相对较快，因此对于关系数据库的查询能力和查询算法有较高要求。必须在高性能服务器的支撑下，设计出合理的数据库结构和查询算法，以保证查询的响应速度不随记录数的增长而急速下降。

6. 应用系统性能

应用系统应满足业务处理流程的要求，稳定、可靠、实用，人机界面友好，输入输出方便，检索查询简单快速。

7. 适应性

在操作方式、运行环境、与其他软件的接口以及开发计划等发生变化时，应具有的适应能力。

5.3.2.3　安全性需求

1. 硬件安全

（1）物理安全。为了保证信息的安全，需要考虑采用专门的硬件设施提高计算机系统的可靠性，主要包括：

1）电源供给。可以采用 UPS、双电源等技术设备，来保障系统的电源供给，避免意外断电造成数据损坏或丢失。

2）网络存储系统。硬盘是计算机中主要存储数据的设备，也是容易损坏而造成大量数据丢失的设备，建议使用专业的存储方案。

3）双机热备。利用两台同样或类似的计算机通过专用通信口互联，两台机器同时工作。"双机热备"还可以通过共享冗余磁盘阵列机进行容错，实现两台主机互为备份。

还可以通过合理的选择物理路由、通信手段，屏蔽电磁干扰，安装避雷装置等安全措施提高系统的安全性。

（2）网络安全。本系统中的服务器一般部署在已有的局域网中，因此不再进行额外的网络安全设计。

2. 软件安全

（1）安全模型。

1）完整性检验。验证数据或应用程序的完整性（不可破坏性）以及精确性。

2）机密性保持。从某种程度上保证数据或应用程序的保密性。

3）认证/权限访问。对访问安全性十分重要的数据、应用程序或其他资源的授权限制。

（2）安全技术。

1）加密技术。采用软件加密技术保证系统的完整性，并对数据和系统提供机密性保护。

2）认证。在安全系统中，主体意味着一个人、一个组织或者其他消息的发送者和接收者。采用主体认证器或者登录模块的方式，对主要的身份进行确认。

3）访问控制。采用基于角色的、强制性的和随意性相结合的方式，对主体的访问权限进行控制。

（3）数据库安全。数据库使数据具有独立性，并且提供对完整性支持的并发控制、访问权限控制、数据的安全恢复等。

5.3.2.4　数据库描述

结合系统功能、性能需求、安全性需求，及相关业务流程等确定数据需求，进行数据库描述，系统需要数据库主要包括基础地理数据库、空间数据库、水文地质数据库、监测信息处理数据库、系统管理数据库、模拟数据库和水流模型数据库。

（1）基础地理数据库包括区县基本信息表、乡镇基本信息表、居民地基本信息表、乡镇基础数据表等。

（2）空间数据库存储省政府、市政府、县级行政区、县级政府、乡镇政府、河流、水库、监测站、岩溶水分区等空间信息。

（3）水文地质数据库包括控制性钻孔基本信息表、钻孔岩性数据表、地下水监测站基本信息表、地下水监测站变更表、自动监测站水位数据表、地下水开发利用方案数据表、水文地质单元基本信息表、含水系统基本信息表等。

（4）监测信息处理数据库包括水位原始数据表、水温原始数据表、水位监测信息处理表、水温监测信息处理表、监测设备电量数据表。

（5）系统管理数据库包括监测站参数管理数据表、设备报警阈值管理表、报警声音开关管理表。

模拟数据库包括优化分析计算条件设定数据表、优化分析计算结果数据表、模型计算水位结果数据表、模型计算埋深结果数据表、模型计算降深结果数据表、模型计算均衡分析数据表等。

水流模型数据库包括模型基本信息表、模型调用记录数据表和模型输入文件数据表。

5.3.3　系统设计

5.3.3.1　系统体系结构

系统核心功能是在集成 Web 服务中实现的，客户端使用 IE 浏览器进行访问，后台使用 SQL SERVER2008 数据库实现数据持久化。

集成 Web 服务器有三个重要组成部分：

Resin Web Server：支撑实现办公自动化的 Web 服务。

IIS Web Server：支撑专业系统的 web 服务。

Servlet Server：支撑空间地图服务。

三个部分通过 XML 相互传递信息，实现彼此间的信息协作。系统软件体系结构见图 5-3。

5.3.3.2　系统部署结构

系统部署结构见图 5-4。

5.3.3.3　系统逻辑结构

该信息系统在逻辑上分三层，分别为表示层、业务逻辑层、数据访问层。

表示层提供用户接口服务，显示信息给用户，并接收用户输入的信息，验证用户输入的合法性。表示层主要包括用户接口层和用户接口控制层。用户接口层实现与用户交互的界面显示，并提供客户端格式验证，用户接口控制层用来接收用户数据和显示用户数据，并进行页面跳转控制。

业务逻辑层提供业务数据和业务操作，该层处于中间层的位置，对上为表示层提供调

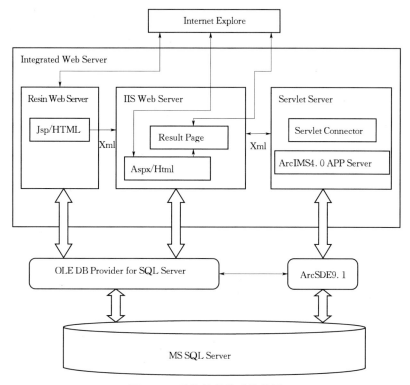

图 5 - 3　系统软件体系结构图

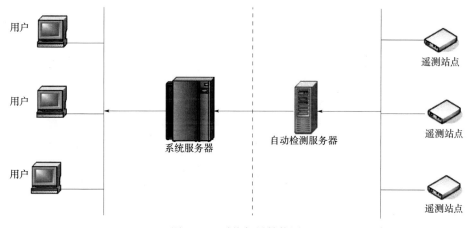

图 5 - 4　系统部署结构图

用接口，对下调用数据访问层服务实现持久化操作。

数据访问层主要用于管理应用程序域的数据和存储行为，其中又分为表示数据的哑元类业务实体和表示数据存储行为的与数据库进行交互的持久化方法。该层划分为三部分，包括业务数据服务层、系统数据服务层和空间数据服务层。业务数据服务层提供业务数据的持久化操作，系统数据服务层为系统全局提供与业务关系不大的通用数据访问服务，如日志记录、权限判断等，空间数据服务层提供对空间数据的查询功能。软件逻辑结构见图 5 - 5。

图 5-5　软件逻辑结构图

5.3.3.4　数据库设计

1. 数据库表结构设计

（1）中文表名。中文表名是每个表的中文名称，即以简明扼要的文字表达该表所描述的内容。

（2）表标识。表标识是表在进行数据库建设时的表名。表名由前缀、表的类别和实际名称组成。前缀为'tb'，实际名称选自术语表中的单词（或标准缩写）或不同单词的组合。数据库表结构的类别见表 5-1。

表 5-1　　　　　　　　　　　　　数据库表结构的类别

表的分类	表的命名规则	描　　述
基本信息表	tb_b_＜实际名称＞	用于存放静态数据、描述事物基本不变的特征。如测站的一般信息、系统参数表等
业务数据表	tb_o_＜实际名称＞	表示与业务有关的信息，用于描述业务发生的过程和结果
实时数据表	tb_r_＜实际名称＞	用于存放实时性要求很强的数据。如实时岩溶水水位数据表等
累计或统计数据表	tb_s_＜实际名称＞	用于存放统计或累计数据，这些表一般是为了提高效率、或处理方便而设计的
预警数据表	tb_f_＜实际名称＞	用于存放监测预警设置相关的数据，如所设置的预警阈值等

续表

表的分类	表的命名规则	描述
临时数据表	tb_t_＜实际名称＞	用于存放临时、不需要长期保存的数据，这些表一般是为了处理方便而设计的
历史数据表	tb_h_＜实际名称＞	用于保存历史数据
空间信息表	tb_g_＜实际名称＞	用于保存空间信息的表，如水文地质特征表等

（3）表体。数据库表结构的格式见表5-2。

表5-2　　　　　　　　　　数据库表结构的格式

序号	字段名	字段标识符	类型与长度	单位	可否空	主键	外键	索引号

其中：序号是用数字描述字段，是从1开始的阿拉伯数字排序；字段名是用中文字符描述字段的名称；字段标识符是字段名的英译缩写，按中文名的汉语词序将相应的英文单词缩写，然后合并而成；类型与长度是用来描述该字段的数据类型和最大位数；单位是指数值型数据的计量单位，用国家法定计量单位的中文名称描述；可否空说明在输入数据时是否允许空置（NULL），当必须填入数据时为"N"（表明不允许置空），否则可以为空；主键说明字段是否是"主键"，是填"Y"，否填"空"；外键说明字段是否是由其他表传递过来的键码，是填"Y"，否填"空"；索引号填1、2、3、…，单字段索引时填"1"，多字段索引时，按顺序填写。

按照上述设计目标、原则等，设计系统相关数据库表，共设计数据库表21个，包括监测站基本信息表（wellinfo）、监测站信息变更表（wellupdate）、水位原始数据表（waterL）等。

2. 数据库表及分类

为了使数据库表结构清晰并保持良好的可扩展性，合理地划分数据库是非常必要的，但这项工作难以界定。它可以从应用的角度去划分，也可以按专业（主题）去划分。

根据地下水信息的实际情况，采用按专业划分数据库，使其既不重复和交叉，又通俗易懂，便于理解，系统数据库总体设计表见表5-3。

表5-3　　　　　　　　　　系统数据库总体设计表

数据库名称	数据库中的表	备注
基础地理数据库	区县基本信息表	
	乡镇基本信息表	
	居民地基本信息表	
	乡镇基础数据表	

数据库名称	数据库中的表	备注
水文地质数据库	控制性钻孔基本信息表	
	钻孔岩性数据表	
	岩溶水监测站基本信息表	
	岩溶水监测站变更表	
	自动监测站水位数据表	
	岩溶水开发利用方案数据表	
	水文地质单元基本信息表	
	含水系统基本信息表	
	岩性字典	
监测信息管理数据库	水位原始数据表	
	水温原始数据表	
	水位监测信息处理表	
	水温监测信息处理表	
	监测设备电量数据表	
系统管理数据库	监测站参数管理数据表	
	设备报警阈值管理表	
	报警声音开关管理表	

5.3.3.5 系统功能

1. 监测站分区展示

（1）监测站分布展示。默认监测站分区展示中显示监测站点的分布展示，岩溶水自动监测信息系统见图5-6。导航栏上的功能按钮包括平移、放大、缩小、图例、图层控制、点选、框选、示意图查看以及预警状况查看。其中：

图5-6 岩溶水自动监测信息系统

1）图层控制活动图层锁定为监测站点，可通过图层控制来控制图层的显示与否。

2）点选显示界面同测站信息管理详情界面，可查看测站的基本信息、监测数据及单站分析曲线。

3）框选，在GIS图上框选后显示框选中的测站列表，测站列表中显示测站编码和测站名称，点击测站编码在GIS图上定位该站点，点击测站名称显示测站的详细信息。

4）GIS图上左侧浮动窗口显示"点击后查看监测站详细内容"点击后显示监测站点详情，见表5-4。浮动窗口可伸缩显示，两个标签页：一个为按岩溶水分区；另一个为按行政区划。

表5-4 监测站点详情

按岩溶水分区	按行政区划
名称	站数
房山长沟—周口店	4
西山鲁家滩—玉泉山	5
⋮	⋮

（2）监测数据异常预警。水位异常数据预警。该功能一方面在GIS图上进行预警，用红色标识；另一方面生成异常数据表。

异常数据预警见图5-7，在GIS图中显示每个监测点的站名及监测数据，异常数据的站点闪烁警示，标签红色警示。系统建成后监测频次为每小时监测1次，每日8时上报1次数据，此处预警当日8时与前一日8时的差值阈值。

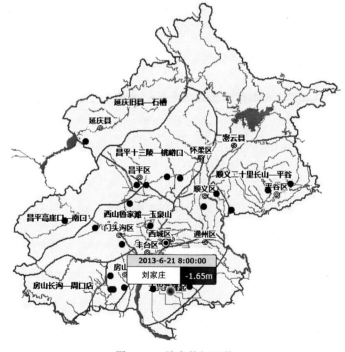

图5-7 异常数据预警

在该模块 GIS 中浮动显示预警设置标签，标签可自由伸缩。预警设置见表 5－5。

表 5－5 预 警 设 置

预警值设置：
最新监测数据与上次监测数据差的绝对值【符号下拉框】【文本框】m 保存

符号下拉框中的符号为＞＝，＝，＞，＜，＜＝，点击保存后，GIS 图中的数据刷新。

点击预警信息里的条数后，异常数据见表 5－6。

表 5－6 异 常 数 据

测站编码	测站名称	监测时间	对比时间	异常水位/m	对比水位/m	差值/m
SW－3－1	李庄	2013－1－2 08：00：00	2013－1－1 08：00：00	23.1	10	13.1

水温异常数据预警功能与水位异常数据预警功能类似，在此不再赘述。

（3）水位超量程预警。由于岩溶水监测井基本不发生自流情况，因此将最高水位设置为与地面高程值一致，因此当水位值高于地面高程或低于最低水位时，启动预警功能。水位超量程预警见图 5－8。

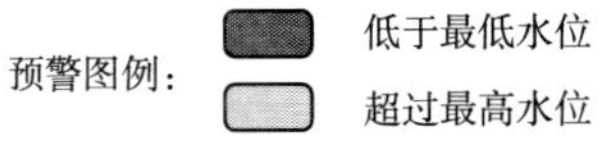

预警图例：　　■　低于最低水位
　　　　　　　□　超过最高水位

图 5－8　水位超量程预警

最低水位在系统管理——设备参数管理中设置；超量程预警设置报警声音，如有预警则声音报警，响几秒后自动关闭；声音报警开关同样设置在系统管理中。

（4）监测站电量异常预警。监测站电量过低会影响监测设备的正常运行，因此对监测站电量过低的异常情况进行预警，并在 GIS 平台通过浮动标签设置异常情况预警值，监测站电量异常预警见表 5－7。标签可伸缩，设置在左侧。

表 5－7 监测站电量异常预警

预警值设置：
电量百分比范围【符号下拉框】【文本框】 保存

【符号下拉框】中所包含符号为≥，＝，＞，＜，≤
电量异常预警见图 5－9。

电量异常预警设置报警声音，如有预警则声音报警，响几秒后自动关闭。声音报警开关设置在系统管理功能中。

2. 基本信息管理

（1）监测站基本信息管理。实现监测站点的增加、删除、查询、修改、导出功能。默认界面列出监测站点列表，点击详细信息可查看基本信息。查看基本信息的同时可查看站点的水位/埋深过程线。

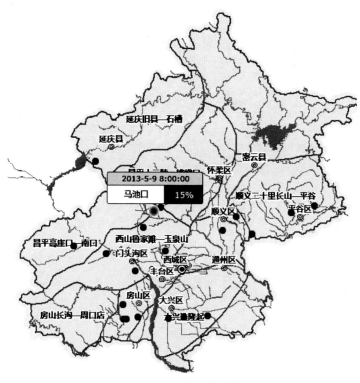

图 5 - 9　电量异常预警

查询见表 5 - 8。

表 5 - 8　　　　　　　　　　　　　　查　　询

按岩溶水分区	【下拉框】		
监测站名称	【文本框】	监测站编码	【文本框】
查询			

岩溶水分区下拉框包括房山长沟—周口店等。

行政区划下拉框包括房山等。

可按监测站名称、监测站编码模糊查询。

查询结果下面为 list 页，查询详情见表 5 - 9。

表 5 - 9　　　　　　　　　　　　　　查　询　详　情

增加　删除

☐	详情	测站编码	测站名称	岩溶水分区	行政区划	位　　置	修改
	<<<	FC - T - 1	下房村	房山长沟—周口店	房山区	村西南约 1km	修改

默认状态下显示所有站点信息，无须再翻页查看。

增加信息时可在增加站点的基本信息之外，同时上传监测点钻井成井图片信息，监测设备装置照片等。增加测站点信息见表5-10。支持规定格式文件的上传。

表 5-10 　　　　　　　　　　　　　　　　增 加 测 站 点 信 息

测站编码 *	【文本框】	测站名称 *	【文本框】
经度	××度××分××秒	纬度	××度××分××秒
X 坐标	××	Y 坐标	××
所属岩溶水分区	【下拉框】	所属行政区划	【下拉框】
位置	【文本框】		
取水段起始深度	【文本框】	取水段终止深度/m	【文本框】
起始观测日期	【日期框到日】	观测井类别	【下拉框】
井深/m	【文本框】	井口固定点高程/m	【文本框】
地面高程/m *	【文本框】	地下水类型	【下拉框】
监测井类型	【下拉框】	取水段含水层时代	【文本框】
监测项目	【下拉框】		

保存　取消

1）表5-10中 * 号为必填字段。

2）X、Y 坐标为系统自动计算。

3）观测井类别：1为长观井，2为统测井。数据库中存储数字。

4）地下水类型：1为潜水，2为承压水，3为基岩水。数据库中存储数字。

5）监测井类型：1为专门监测井，2为大口井，3为生活机井，4为农用机井，5为泉。数据库中存储数字。

6）取水段含水层时代：指含水层是哪个时代地层（如第四系、奥陶系等）。

7）监测项目：1为水位，2为水量，3为水温，4为水位、水温，系统默认为水位、水温。数据库中存储数字。

8）岩溶水分区下拉框包括房山长沟—周口店等。

9）行政区划随着岩溶水分区联动，此处的联动信息可以从"岩溶水分区信息管理"中读取。

10）修改时测站编码、地面高程不可修改，其余字段可改，同时测站名称不可重复。

11）删除时判断是否已有数据，如已有数据则提示"您选择的测站已有数据，确认删除？"如果点击确定则删除测站信息即可，监测数据暂保留。

点击详情，可查看基本信息及监测数据信息，见表5-11。

表 5－11 基本信息及监测数据信息

基本信息	监测数据		
测站编码	12345678	测站名称	李庄
经度	116 度 40 分 23 秒	纬度	45 度 2 分 1 秒
X 坐标	××	Y 坐标	××
所属岩溶水分区	××	所属行政区划	××
位置	××		
取水段起始深度/m	××	取水段终止深度/m	××
起始观测日期	××	观测井类别	××
井深/m	××	井口固定点高程/m	××
地面高程/m	××	地下水类型	××
监测井类型	××	取水段含水层时代	××
监测项目	水位，水温		

点击监测数据，查看原始监测数据，监测数据见表 5－12。

表 5－12 监 测 数 据

监测数据查询

监测时间：【日期框】至【日期框】查看数据　查看过程线　导出

监测站编码	监测站名称	监测时间	水位/m	埋深/m
12345678	李庄	2011－1－1 08：00：00	23.10	22.00

点击查看过程线，弹出查询条件下的单站过程曲线图。同单站逐日分析显示界面，查询界面的查询条件默认为当前日至当前日。要求日期框中的日期可删除。

导出 Excel 表，导出格式见表 5－13。

表 5－13 导 出 格 式

岩溶水分区	行政区划	监测站编码	监测站名称	监测时间	水位/m	埋深/m

（2）岩溶水分布区信息管理。实现岩溶水分区的管理，对岩溶水分区的编码、名称及面积等信息进行维护，信息维护见表 5－14。功能按钮包括增加、修改、删除，信息修改见表 5－15。

表 5－14 信 息 维 护

增加　删除

岩溶水分区编码	岩溶水分区名称	行政区划	面积/km²	备注	修改
Ⅰ－1	大兴迭隆起	大兴区、丰台区、朝阳区、通州区			修改

表 5 - 15   信 息 修 改

岩溶水分区编码 *	【文本框】		岩溶水分区名称 *	【文本框】
所属行政区划	☐朝阳区 ☐海淀区 ☐丰台区 ☐石景山区 ☐门头沟区 ☐房山区 ☐大兴区 ☐通州区 ☐顺义区 ☐昌平区 ☐平谷区 ☐怀柔区 ☐延庆县			
面积/km²	【文本框】			
确定　取消				

岩溶水分区与行政区划关系表见表 5 - 16。

表 5 - 16   岩溶水分区与行政区划关系表

岩溶分区名称	行政区划名称
房山长沟—周口店	房山区
⋮	⋮

删除时进行判断，在测站基本信息中如果有引用则不可删除。

修改时，除分区编码不可改外均可改。

（3）监测站图像信息存储。可上传监测站的相关照片等资料，每眼监测井可以上传多个图片。监测站图像信息见表 5 - 17。

表 5 - 17   监 测 站 图 像 信 息

上传附件	【文本框】浏览（可上传 .jpg、.gif 格式文件。）
删除附件	【文本框】
确定　取消	

3. 监测信息管理

（1）原始数据管理。原始数据管理包括水位原始数据管理和水温原始数据管理。

1）水位原始数据管理。实现原始监测数据的查询和导出功能，原始监测数据见表 5 - 18。

表 5 - 18   原 始 监 测 数 据

按岩溶水分区	【下拉框】		
监测站名称	【文本框】	监测站编码	【文本框】
监测时间	【日期框到日】 至 【日期框到日】		
查询			

查询按岩溶水分区和按行政区划查询可分两个页签。

岩溶水分区下拉框包括房山长沟—周口店等。默认为不限（全部显示）。

行政区划下拉框包括房山等。

查询 list 界面中的数据，按照时间逆序，再按照岩溶水分区、测站编码排序，原始数据管理排序见表 5 - 19。

表 5 – 19 原 始 数 据 管 理 排 序

| | | | | | | 导出 |
测站编码	测站名称	岩溶水分区	行政区划	监测时间	水位/m	埋深/m
SW – 3 – 1	李庄	房山长沟—周口店	房山区	2012 – 10 – 1 08：00：00	23	12

导出 Excel 格式数据，导出数据为当前查询条件下的数据，数据导出格式见表 5 – 20。

表 5 – 20 数 据 导 出 格 式

岩溶水分区	行政区划	监测站编码	监测站名称	监测时间	水位/m	埋深/m

2）水温原始数据管理。水温原始数据管理功能设计与水位原始数据管理类似，不再赘述。

（2）生产数据管理。实现数据的查询、删除、修改、导出。其中查询、删除、导出功能同"原始数据管理"的功能，"修改"见具体描述。

1）查询（此处按岩溶水分区和按行政区划查询可分两个页签），查询见表 5 – 21。

表 5 – 21 查 询

按岩溶水分区	【下拉框】		
监测站名称	【文本框】	监测站编码	【文本框】
监测时间	【日期框到日】 至 【日期框到日】		
查询			

岩溶水分区下拉框包括房山长沟—周口店等。默认为不限。

行政区划下拉框包括房山等。

查询 list 界面中的数据，按照时间逆序，再按照岩溶水分区、测站编码排序，生产数据管理排序见表 5 – 22。

表 5 – 22 生 产 数 据 管 理 排 序

| | | | | | | 导出 |
测站编码	测站名称	岩溶水分区	行政区划	监测时间	水位/m	埋深/m
SW – 3 – 1	李庄	房山长沟—周口店	房山区	2012 – 10 – 1 08：00：00	23	12

2）删除

可选择单条或多条删除，无级联。

3）导出

导出 Excel 格式数据，导出数据为当前查询条件下的数据，导出格式见表 5 – 23。

表 5 - 23		数 据 导 出 格 式				
岩溶水分区	行政区划	监测站编码	监测站名称	监测时间	水位/m	埋深/m

4）修改，信息修改见表 5 - 24。

表 5 - 24　　　　　　　　　　　　信 息 修 改

测站编码	SW - 3 - 1	测站名称	李庄
位置	××		
岩溶水分区	房山长沟—周口店	行政区划	房山区
监测时间	【2012 - 2 - 1 8：00：00】	地面高程/m	35
井深/m	13		
水位/m	【23】	埋深/m	12

水位可修改，修改后埋深随之变化。

（3）异常数据挑选。异常数据挑选即根据阈值的设置挑选出一定经验范围值内的异常数据。系统提供两种方式的挑选规则：

1）常规。该部分由用户为当日 8：00 与前一日 8：00 差值的绝对值设置阈值，满足该阈值范围的监测数据则为异常数据。选择完查询条件之后点击查询显示相应结果，点击导出，导出 Excel 格式数据，格式同查询界面，结果见表 5 - 25。

表 5 - 25　　　　　　　　　　　　查 询 结 果

异常数据挑选

最新监测值与上一次监测值差值绝对值：操作【符号下拉框】　值【文本框】/m

岩溶水分区　【下拉框】

查询　导出

岩溶水分区	行政区划	测站编码	测站名称	监测时间	对比时间	异常水位/m	对比水位/m	差值/m
房山长沟—周口店	房山区	12345678	李村	2013 - 1 - 2 08：00：00	2013 - 1 - 1 08：00：00	23.10	10.00	13.10

按照岩溶水分区、测站编码字母顺序排序。

符号下拉框中的符号为≥，＝，＞，＜，≤。

岩溶水分区、行政区划分区下拉框中都默认为不限。

2）自定义设置。日期框的日期默认为当日和前一日，时框默认为 8 时。自定义设置见表 5 - 26。

表 5 - 26　　　　　　　　　　　　　自 定 义 设 置

异常数据挑选

自定义设置

自定义时间监测数据差值阈值绝对值操作【符号下拉框】 值【文本框】/m

岩溶水分区　【下拉框】

对比时间	【日期框】【时框】与【日期框】【时框】
查询　导出	

（4）数据对比分析。主要以曲线图的方式完成数据间的对比分析，可对同一行政区划、同一岩溶水分区不同站点数据进行趋势分析，实现全方面的数据对比分析。

1）单站分析。单站分析包括单站过程线绘制、相应特征值统计及单站不同时段对比分析。单站过程线分析见表 5 - 27，单站数据分析见表 5 - 28。单站过程线绘制，包括选择时间段内水位/埋深过程曲线和相应统计数据。

表 5 - 27　　　　　　　　　　　　　单 站 过 程 线 分 析

单站过程线分析

	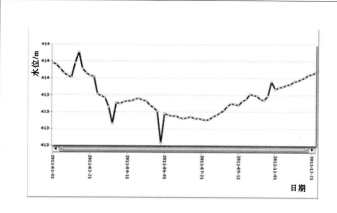
时间选择 【日期框到日】 至 【日期框至日】	刘村 2012 年 1 月 1 日至 2012 年 12 月 31 日水位数据列表
	平均水位：23.00m

	最高水位：27.00m	埋深：6.91m	发生日期：2012 - 9 - 21 08：00
	最低水位：25.15m	埋深：8.76m	发生日期：2012 - 4 - 23 08：00

	监测时间	埋深/m
确定　取消	2012 - 12 - 31 08：00：00	7.43
	2011 - 12 - 31 08：00：00	8.42

表 5 - 28　　　　　　　　　　　　　　　　单 站 数 据 分 析

单站数据对比

测站
▱ 全部
▱ 房山长沟—周口店
☑ 刘村
☑ 林场
☑ 天开村
下房村

【日期框到日】

对比

【日期框至日】

确定　导出　取消

注：比对结果中采集时间为您选择较晚时间，对比时间为您选择较早时间。

测站编码	测站名称	采集时间	采集水位/m	对比时间	对比水位/m	差值/m	趋势
FT-1-1	刘村	08：00	12.00	08：00	13.00	1.00	↓
		00：00	12.10	—	—	—	
FT-1-2	林场	08：00	14.00	08：00	12.00	2.00	↑
		00：00	12.10	00：00	13.20	1.10	↓

此处日期框不用判断先后，但是无论日期怎么选，在计算差值时，都是用后面时间的水位减去前面时间的水位。

如果差值为负则为下降箭头，用绿色标识，差值为正则为上升箭头，用红色标识。

2）多站对比分析。可以在 GIS 图上点选某范围内的监测站点后，展示选中站点的水位/埋深过程曲线图，多站对比选择见图 5-10。

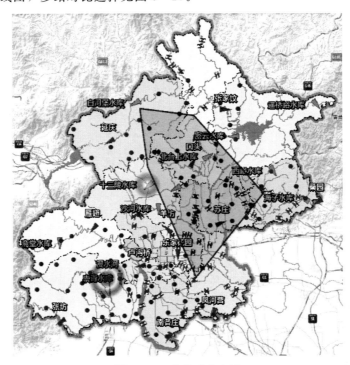

图 5-10　多站对比选择

在 GIS 图上圈定某多边形，圈定后弹出对话框，可由用户选择时间及测站再筛选。选择时间及测站界面见表 5-29。

表 5-29　　　　　　　　　　　　　选择时间及测站

时间	【日期框到日】至【日期框至日】		
分析测站	【测站名称（测站编码），测站名称（测站编码）】		
分析类型	◉水位 ○埋深	显示均值	◉是 ○否
确定　取消			

确定后显示选择的这几个站的曲线对比分析，多站对比分析见图 5-11，其中根据是否显示均值的选择确定在曲线图上是否显示均值曲线，均值为选中的几个测站的算术平均值。

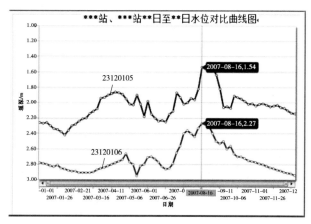

图 5-11　多站对比分析图

4. 报表统计

（1）日报表管理。实现岩溶水分区日报表统计与生成。岩溶水分区日报表见表 5-30。

表 5-30　　　　　　　　　　　　岩溶水分区日报表

岩溶水分区	【下拉框】
日期	【日期框】
数据对象	◉水位 ○埋深
查询　导出	

首先在界面显示查询结果，岩溶水分区下拉框中默认为"全部"。点击导出按钮，则导出 Execl 格式报表。岩溶水分区监测数据日报表见表 5-31。

表 5-31　　　　　××××年××月××日×××岩溶水分区监测数据日报表　　　单位：m

测站名称	测站 1	测站 2	测站 3	测站 4
平均水位	234.22	234.22	234.22	234.22

测站名称	测站 1	测站 2	测站 3	测站 4
最高水位	234.22	234.22	234.22	234.22
最低水位	234.22	234.22	234.22	234.22
0 时水位	234.22	234.22	234.22	234.22
1 时水位	234.22	234.22	234.22	234.22
2 时水位	234.22	234.22	234.22	234.22
3 时水位	234.22	234.22	234.22	234.22
4 时水位	234.22	234.22	234.22	234.22
5 时水位	234.22	234.22	234.22	234.22

（2）月报表管理。

1）单站月报。实现岩溶水单站月报表的统计和生成，岩溶水单站月报表的统计见表 5-32，地下水水位月报表见表 5-33。表格中的月最高、月最低分别从日最高、日最低中得到，并列出相应的发生时间，如相同的数值，则取发生时间较早的日期。

表 5-32 岩溶水单站月报表的统计

岩溶水分区	【下拉框】	监测井名称	【下拉框】
年月	【下拉框】年【下拉框】月	查询　导出	

表 5-33 石各庄 2013 年 2 月地下水水位月报表

日期	水位/m	日内最高		日内最低	
		地下水水位/m	发生时间/时	地下水水位/m	发生时间/时
1	2.05	2.12	8	2.03	9
2	2.13	2.14	4	2.13	5
3	1.92	2.12	5	1.78	6
4	1.85	2.14	1	1.42	2
5	1.62	1.94	1	1.07	2
6	1.31	1.83	3	1.01	4
7	1.25	1.71	3	0.96	4
8	0.99	1.67	1	0.85	2
9	1.02	1.57	3	0.68	4
10	1.17	1.56	2	0.53	3
11	1.06	1.60	0	0.57	1
12	1.13	1.66	2	1.01	3

续表

日期	水位/m	日内最高		日内最低	
		地下水水位/m	发生时间/时	地下水水位/m	发生时间/时
13	1.22	1.53	23	0.95	24
14	1.36	1.48	1	1.32	2
15	1.43	1.54	12	1.31	13
16	1.56	2.03	22	1.08	23
17	0.97	1.06	23	0.69	24
18	0.93	1.01	12	0.86	13

2）岩溶水分区月报表。实现岩溶水单站月报表的统计和生成，岩溶水单站月报表见表 5-34，岩溶水单站月报表生成样表见表 5-35。

表 5-34　　　　　　　　　　岩 溶 水 单 站 月 报 表

岩溶水分区	【下拉框】
月份	【下拉框】年【下拉框】月
数据对象	⦿水位 ○埋深
查询　导出	

表 5-35　　　　　××××年××月××岩溶水分区水位统计月报表　　　　单位：m

测站名称	测站1	测站2	测站3	测站4
平均水位	234.22	234.22	234.22	234.22
最高水位	234.22	234.22	234.22	234.22
最低水位	234.22	234.22	234.22	234.22
1日	234.22	234.22	234.22	234.22
2日	234.22	234.22	234.22	234.22
3日	234.22	234.22	234.22	234.22
4日	234.22	234.22	234.22	234.22
5日	234.22	234.22	234.22	234.22
6日	234.22	234.22	234.22	234.22
7日	234.22	234.22	234.22	234.22
8日	234.22	234.22	234.22	234.22
9日	234.22	234.22	234.22	234.22
10日	234.22	234.22	234.22	234.22
11日	234.22	234.22	234.22	234.22

（3）年报表管理。根据岩溶水监测实际，年报表的生成只有单站形式。岩溶水年报表见表 5-36。

表 5-36　　　　　　　　　岩 溶 水 年 报 表

岩溶水分区	【下拉框】	监测井名称	【下拉框】
年份	【下拉框】	查询　导出	

由于单站年报表较大，以下分表头和表尾分别说明其样表。

单站年报表表头见表 5-37，单站年报表表尾见表 5-38。

表头部分其基本信息来源于监测站基本信息表，并取最新数据。

表 5-37　　　　　　　　　单 站 年 报 表 表 头

井号										地面标高		37.85
孔号	123456	2012年东上区地下水年报表								孔口标高		38.01
位置	王村									地下水类型		基岩水
日期	一月	二月	三月	四月	五月	六月	七月	八月	九月	十月	十一月	十二月
1	2.54	2.48	2.29	1.95	2.03	0.56	1.32	1.66	−0.49	0.78	0.34	0.38

表 5-38　　　　　　　　　单 站 年 报 表 表 尾

31	2.79		1.93		0.25		1.05	−0.25		0.5		0.3
总数	80.89	62.13	60.33	50.96	27.13	16.99	36.05	23.15	10.73	22.60	13.59	12.30
平均	2.61	2.14	1.95	1.70	0.88	0.57	1.16	0.75	0.36	0.73	0.45	0.40
最高	3.27	2.54	2.49	2.17	2.13	1.75	2.35	1.88	0.88	1.32	0.74	0.77
最低	2.10	1.84	1.52	1.01	0.20	−0.32	0.31	−0.49	−0.49	0.34	0.15	0.09
平均埋深	35.24	35.71	35.90	36.15	36.97	37.28	36.69	37.10	37.49	37.12	37.40	37.45
年统计	水位总计		416.85		最高水位	3.27	1月29日	最大埋深	38.34	9月1日	年变幅	3.76
	平均水位	1.14	平均埋深	36.71	最低水位	−0.49	9月1日	最小埋深	34.58	1月29日		

表尾部分，"总数"为从当月 1 日至当月最后 1 日的水位数据和。

"平均值"为 avg。"最高"为 max。"最低"min。

"平均埋深"＝地面标高－平均水位

年统计的"水位总计"等于"总数"的和。平均水位＝水位总计/总监测站数

平均埋深＝地面标高－平均水位。

最高水位＝max（最高）　最小埋深＝地面标高－最高水位

最低水位＝min（最低）　最大埋深＝地面标高－最低水位

年变幅＝最大埋深－最小埋深。

（4）水位对比统计表。实现全部或某个岩溶水分区某两日水位数据的对比，地下水位对比统计表见表5-39。计算升降值时，利用最近日期的水位值减次近日期水位值。

表5-39 2013年1月3日与2013年1月1日××岩溶水分区地下水位对比统计表

测站名称	2013年1月3日水位/m	2013年1月1日水位/m	升降值/m
平均	24.27	24.27	0
测站1	24.27	24.27	0
测站2	24.27	24.27	0

5. 系统管理

（1）监测站远程管理。

1）监测站参数管理。实现测站硬件设备的参数管理，如监测站点对应的设备编号等基本属性。功能按钮包括查询、增加、删除、修改。查询选项见表5-40，查询结果见表5-41，增加选项见表5-42。

表5-40 查 询

按岩溶水分区	【下拉框】		
监测站名称	【文本框】	监测站编码	【文本框】
查询			

表5-41 查 询 结 果

增加　删除

☐	测站编码	设备编码	设备参数型号	设备线长/m	修改
☐ 详情	123456	SHB1			修改
☐ 详情					

表5-42 增 加

测站参数管理----增加			
测站编码	【文本框】	设备编码	【文本框】
设备参数型号	【文本框】	设备线长/m	【文本框】
维护记录	【文本框】		
保存 取消			

删除：选中后删除，可单条或多条删除，不级联。

修改：测站编码不允许修改，其他项目可改。

2）电量异常信息查询。针对监测站电量异常情况，实现某一时间段电量预警值查询，电量预警值查询见表5-43。

表 5 - 43 　　　　　　　　　　　　电 量 预 警 值 查 询

异常情况历史数据查询		
电量预警值【符号下拉框】【值】		
异常时间【日期框至日】至【日期框至日】　查询		
监测站编码	异常时间	异常值
12345678	2012 - 12 - 29 08：00	23％

3）监测站信号强度查询。实现用户所选择的某监测站某时间段来自遥测设备的信号库中信号强度的读取与显示，监测站信号强度查询见表 5 - 44。

表 5 - 44 　　　　　　　　　　　监测站信号强度查询

岩溶水分区名称	【下拉框】	监测井名称	【下拉框】
监测时间	【日期框】至【日期框】		
查询　取消			

监测站信号强度查询结果见表 5 - 45。

表 5 - 45 　　　　　　　　　　监测站信号强度查询结果

序号	岩溶水分区名称	监测井名称	监测时间	信号强度
1	大三区	陈村	2013 - 6 - 21 16：05：00	0.61

4）超量程预警信息查询。该部分数据显示水位高于地面高程或低于最低水位的数据，超量程预警查询见表 5 - 46。最低水位在设备参数管理中读取。地面高程在监测井信息管理中读取。

表 5 - 46 　　　　　　　　　　　超 量 程 预 警 查 询

岩溶水分区名称	【下拉框】	监测井名称	【下拉框】
监测时间	【日期框】至【日期框】		
查询　取消			

超量程预警查询结果见表 5 - 47。

表 5 - 47 　　　　　　　　　　　超量程预警查询结果

序号	岩溶水分区名称	监测井名称	监测时间	水位/m
1	大三区	陈村	2013 - 6 - 21 16：05：00	40

（2）预警声音管理。实现水位超量程、设备电量异常报警声音的开关功能。预警声音管理见表 5 - 48。

表 5 - 48 预警声音管理

预警类型	开关状态
超量程	开
电量异常	关

超量程预警声音开关修改界面表5-49。

表 5 - 49 超量程预警声音开关修改界面

声音预警开关设置			
预警类型	超量程	开关设置	【开】
保存 取消			

电量异常预警声音开关修改界面与超量程预警声音开关设置界面类似，不再赘述。

（3）用户管理。实现增加用户，同时为用户分配角色，继承角色权限，同时可对角色权限进行特殊设置。

5.3.4 系统主要功能实现

岩溶水自动监测信息管理平台分为5个功能模块，分别为监测站分区展示、基本信息管理、监测信息管理、业务报表、系统管理。

5.3.4.1 监测站分区展示

1. 监测站分布展示

GIS默认页面展示监测站点的分布，见图5-12。

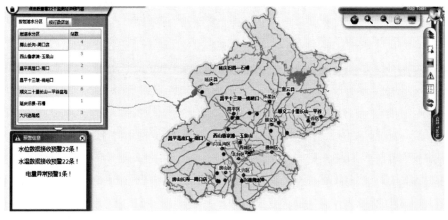

图 5 - 12 GIS默认页面

图5-12包括3个功能区域：图示区、数据区、导航栏区。

（1）图示区：GIS图显示监测井分布图，点击图形区中的 ，可查看监测井的基本信息，监测井详情页面见图5-13。

默认显示基本信息标签内容，包括"基本信息、附件照片、水位埋深数据、水温数据"4个标签，可查看此监测井相关内容。

图 5 - 13　监测井详情页面

　　点击 附件照片 可查看该监测井相关的图片信息，点击最下方的图片列表，可放大照片显示在上方，监测井照片页面见图 5 - 14。

图 5 - 14　监测井照片页面

　　点击 水位埋深数据 可查看该监测井的水位埋深监测数据，默认显示时间为当前时刻向前推 48h 到当前时间段的数据，可选择查看数据表，水位埋深数据表见图 5 - 15，也可选择查看统计图，水位过程线见图 5 - 16，默认显示的是数据表形式。

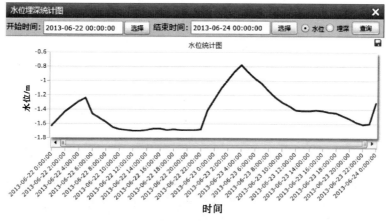

图 5-15　水位埋深数据表

图 5-16　水位过程线

点击 水温数据 可查看该监测井的水温监测数据，默认显示时间为当前时刻向前推 48h 到当前时间段的数据，可选择查看数据表，水温数据表见图 5-17，也可选择查看统计图及数据表。

（2）数据区。数据区为监测站统计和预警栏信息。

1）点击 岩溶水分区 ，可看到按岩溶水分区和按行政区划统计监测井分布情况，见图 5-18、图 5-19。

点击上图中的站数链接，可显示具体信息，测站信息见图 5-20。

点击最后面的详情按钮，可查看具体监测井详情，页面形式。

2）预警信息显示在左下方，主要对（水位、水温）数据接收、电量异常、水位数据异常、水位超量程进行预警信息的展示，预警信息见图 5-21。

| 基本信息 | 附件照片 | 水位埋深数据 | 水温数据 |

开始时间 2013-06-20 00:00:00 选择 结束时间 2013-06-22 00:00:00 选择 统计图 数据表

监测井统一编号	监测井名称	监测时间	水温(摄氏度)
123456	北二村	2013-06-22 00:00:00	14.2
123456	北二村	2013-06-21 23:00:00	14.2
123456	北二村	2013-06-21 22:00:00	14.2
123456	北二村	2013-06-21 21:00:00	14.2
123456	北二村	2013-06-21 20:00:00	14.2
123456	北二村	2013-06-21 19:00:00	14.2
123456	北二村	2013-06-21 18:00:00	14.2
123456	北二村	2013-06-21 17:00:00	14.2
123456	北二村	2013-06-21 16:00:00	14.2
123456	北二村	2013-06-21 15:00:00	14.2
123456	北二村	2013-06-21 14:00:00	14.1
123456	北二村	2013-06-21 13:00:00	14.1
123456	北二村	2013-06-21 12:00:00	14.2
123456	北二村	2013-06-21 11:00:00	14.1
123456	北二村	2013-06-21 10:00:00	14.1
123456	北二村	2013-06-21 09:00:00	14.1
123456	北二村	2013-06-21 08:00:00	14.1

图 5-17 水温数据表

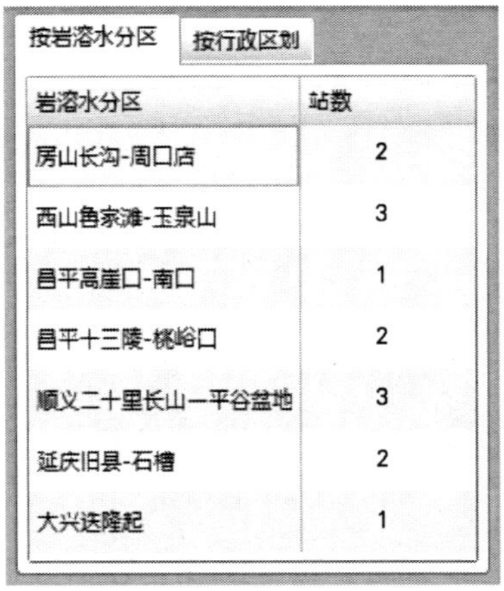

| 按岩溶水分区 | 按行政区划 |

岩溶水分区	站数
房山长沟-周口店	2
西山鲁家滩-玉泉山	3
昌平高崖口-南口	1
昌平十三陵-桃峪口	2
顺义二十里长山—平谷盆地	3
延庆旧县-石槽	2
大兴迭隆起	1

图 5-18 按岩溶水分区统计

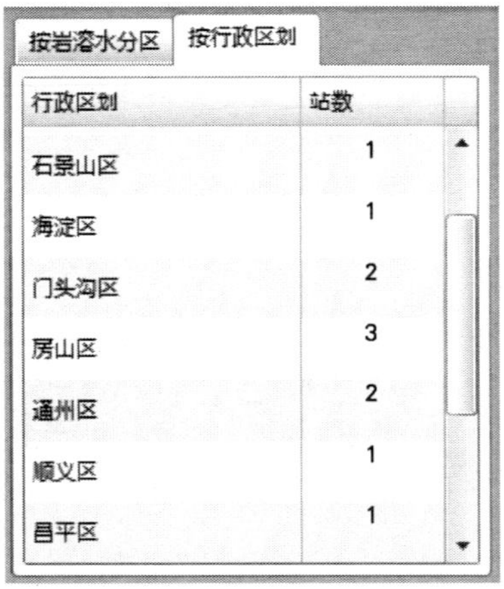

| 按岩溶水分区 | 按行政区划 |

行政区划	站数
石景山区	1
海淀区	1
门头沟区	2
房山区	3
通州区	2
顺义区	1
昌平区	1

图 5-19 按行政区划统计

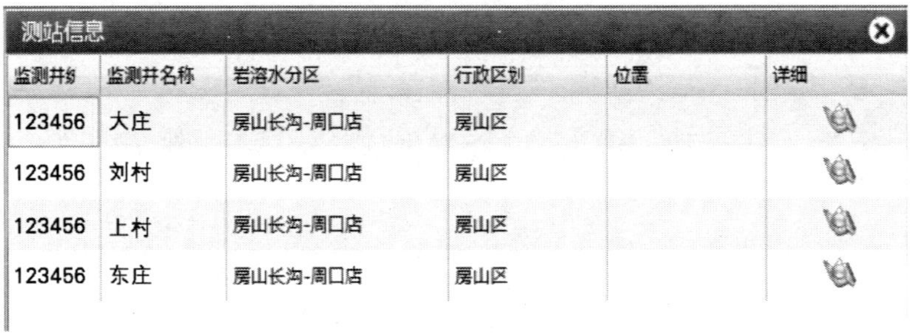

测站信息

监测井统	监测井名称	岩溶水分区	行政区划	位置	详细
123456	大庄	房山长沟-周口店	房山区		
123456	刘村	房山长沟-周口店	房山区		
123456	上村	房山长沟-周口店	房山区		
123456	东庄	房山长沟-周口店	房山区		

图 5-20 测站信息

图 5-21　预警信息

（3）导航栏区。页面中右上方有横向和纵向工具栏，功能分别有全图、平移、放大、缩小、全屏、图例、图层控制、点选、框选、示意图查看以及预警状况查看、刷新数据。

1）全图、放大、缩小、平移、全屏工具是对当前地图的显示位置进行调整。

2）图例：显示各个图层的图例标志。

3）图层控制：对所有基础图层显示情况加以控制，通过勾选来显示相应图层。

4）点选：此功能没有在导航栏中展现按钮，可直接在 GIS 图中进行操作。直接点击监测井图例即可弹出详情页面。

5）框选：点击框选图标开始框选，在图上点出三角形或多边形范围并用鼠标双击确定范围，框选范围见图 5-22，系统会弹出框选结果，如图 5-23，结果中可点击详情，查看具体监测井的详细信息以及水位、水温监测数据情况。

图 5-22　框选范围

编号	名称	详细信息
123456	刘庄	
123456	米店	
123456	胡村	
123456	马庄	
123456	牛店	

图 5-23　框选结果

2. 监测数据异常预警

（1）水位异常数据预警。进入水位异常数据预警默认界面，见图5-24。界面包括4个区域：图示区、预警值设置区、数据区、导航栏区。

图5-24　水位异常数据预警默认页面

当有预警时，监测点会突出显示，并且会显示一个动态标签，显示具体的时间点和监测值，见图5-24。

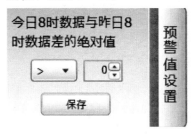

图5-25　预警值设置页面

预警值设置区：点击"预警值设置"，可进行打开预警值设置页面，见图5-25。

数据区：这里只对水位数据异常进行预警。

导航栏区包括全图、放大、缩小、平移、全屏、图层、框选、预警、图例、刷新数据。

（2）水温异常数据预警。水温异常数据预警功能同水位异常数据预警，只是监测的目标是井水温异常数据情况，此处不再重复。

3. 水位超量程预警

进入超量程预警默认页面，见图5-26。界面包括3个区域：图示区、数据区、导航栏区。

（1）图示区：当有预警时，监测点会突出显示，并且会显示一个动态标签，显示具体的时间点和监测值，见图5-26。

（2）数据区：这里只对水位数据异常进行预警。

（3）导航栏区：此处只包括全图、放大、缩小、平移、全屏、图层、框选、预警、图例、刷新数据。

4. 监测站电量异常预警

进入电量异常预警默认页面，见图5-27。

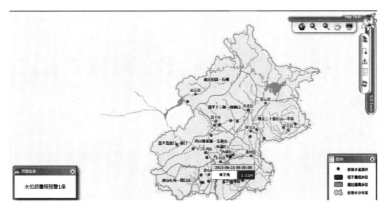

图 5-26　超量程预警默认页面

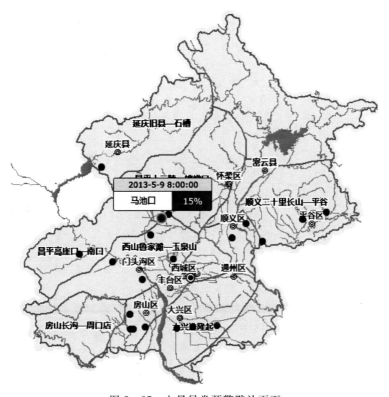

图 5-27　电量异常预警默认页面

界面包括 3 个区域：图示区、预警值设置区、导航栏区。

（1）图示区：当有预警时，监测点会突出显示，并且会显示一个动态标签，显示具体的时间点和监测值，见图 5-27。

（2）预警值设置区：点击"预警值设置"，可打开预警值设置页面，见图 5-28。点击一下，即可收回预警值设置页面。

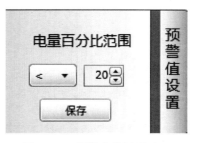

图 5-28　预警值设置页面

（3）导航栏区：此处只包括全图、放大、缩小、平移、全屏、图层、框选、预警、图例、刷新数据。

5.3.4.2 基本信息管理

1. 监测站基本信息管理

实现对监测井信息的管理，包括浏览、增加、修改、删除、导出、查询，点击基本信息进入该模块默认显示，见图 5-29。

图 5-29 基本信息管理

（1）增加。点击 增加，进入增加页面，见图 5-30。

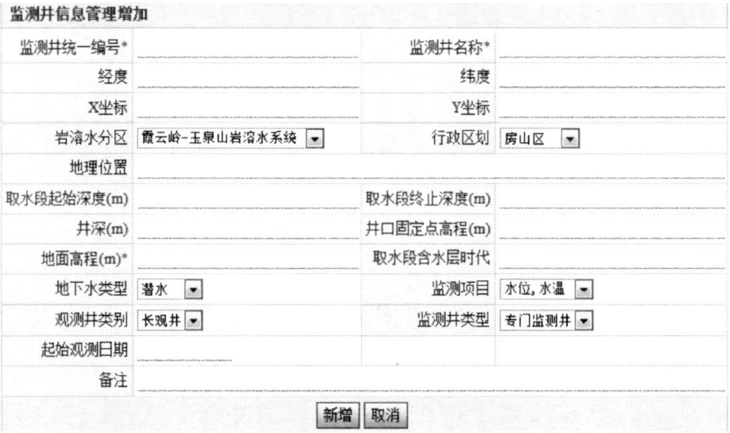

图 5-30 增加页面

字段后面"＊"代表是必填项字段，必须填写后才可成功保存。点击 取消 按钮，则关闭此页面。

（2）修改。点击 修改 按钮，进入修改页面，页面同增加页面一致。只有"调查点统一编号、监测井统一编号、经度、纬度、X 坐标、Y 坐标、地理位置、地面高程"置灰显示，代表不允许修改字段。

（3）删除。点击 删除 按钮，实现数据的删除操作。

（4）导出。可对查询结果进行导出操作，点击 导出 按钮即可将页面显示的信息导出到 Excel 中。

（5）查询。可根据监测站统一编号、监测站名称、岩溶水分区进行查询，其中，监测站统一编号、监测站名称可模糊查询。

2. 岩溶水分区信息管理

实现对岩溶水分区信息的管理，包括浏览、增加、修改、删除、查询。

（1）增加。点击 增加，进入增加页面，见图5-31。字段后面"＊"代表是必填项字段，必须填写后才可成功保存。

图5-31 增加页面

（2）修改。点击要修改信息后面的 修改 按钮，进入修改页面，页面同增加页面一致。只有"岩溶水分区编码"置灰显示，代表不允许修改字段。

（3）删除。选中要删除的信息，点击 删除 按钮，实现删除操作。

（4）查询。可根据岩溶水分区编码、岩溶水分区名称、行政区划名称进行模糊查询。

3. 监测站图像信息管理

主要实现对监测站相关图像信息的管理，包括增加、修改、删除、查询。

（1）增加。点击 增加，进入增加页面，见图5-32：字段后面"＊"代表是必填项字段，必须填写后才可成功保存。

图5-32 增加页面1

点击 浏览... 按钮，选择要上传的图片，然后点击 上传，上传的图片显示在下方，还可以进行删除操作，见图5-33。

图5-33 增加页面2

确定后点击保存，完成增加操作，点击取消按钮，则关闭此页面。

（2）修改。点击 修改 按钮，进入修改页面，页面同增加页面一致。只有"监测井名称"置灰显示，代表不允许修改字段。

（3）删除。选中要删除的信息，点击 删除 按钮，实现删除操作。

（4）查询。可根据监测井名称模糊查询。

5.3.4.3 监测信息管理

1. 原始数据管理

（1）水位原始数据管理。点击原始数据进入该模块默认显示，水位原始数据默认页面见图 5-34，实现对监测井水位原始数据的管理，包括浏览、导出、查询。

图 5-34　水位原始数据默认页面

1）导出。可对查询结果进行导出操作，点击 导出 按钮即可将页面显示的信息导到 Excel 中。

2）查询。可根据岩溶水分区、监测站统一编号、监测井名称、监测时间进行查询，其中，监测站统一编号、监测站名称可进行模糊查询。

（2）水温原始数据管理。此部分功能实现方式同水位原始数据管理功能模块。

2. 生产数据管理

（1）水位生产数据管理。本模块实现对监测站水位生产数据的管理，包括浏览、修改、删除、导出、查询。点击生产数据进入水位生产数据默认页面见图 5-35。

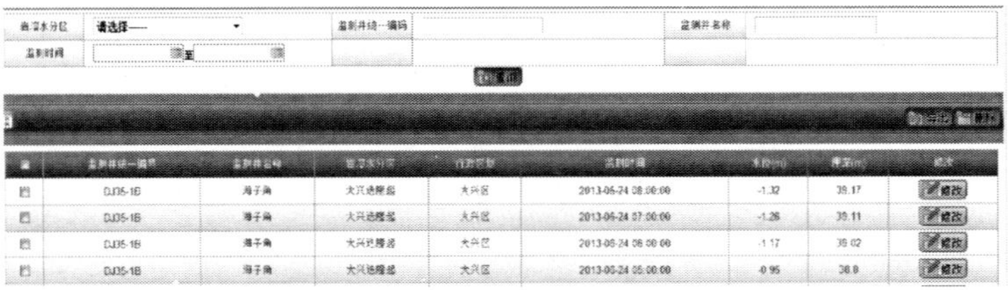

图 5-35　水位处理数据默认页面

1）修改。点击 修改 按钮，进入水位修改页面，见图 5-36，只有"水位、埋深"可修改，修改其中的项，另外一项自动计算，其他字段全部置灰显示，代表不允许修改字段。

图 5-36　水位修改页面

2）删除。选中要删除的信息，点击 按钮，实现删除操作。

3）导出。可对查询结果进行导出操作，点击 按钮即可将页面显示的信息导到 Excel中。

4）查询。可根据监测站统一编号、监测井名称、岩溶水分区、监测时间进行查询，其中，监测站统一编号、监测站名称可模糊查询。

（2）水温生产数据管理。此部分功能实现方式同水位数据处理功能模块。

3. 异常数据挑选

（1）水位异常数据挑选。异常数据挑选即挑选出根据经验所设定阈值范围内的水位数据。点击异常数据挑选，异常数据挑选默认页面见图5-37。

图5-37 异常数据挑选默认页面

异常数据挑选"操作"后面的下拉框包括≥、=、>、<、≤；后面紧接着是填写数据的文本框；异常点挑选类型可按岩溶水分区或行政区划进行挑选；对比时间，则需要录入监测时间以及对比时间。系统根据所设定的上述条件挑选其中的异常值。系统还提供将所挑选的异常值导出到Excel文档的功能。异常值挑选查询结果页面见图5-38。

图5-38 异常值挑选查询结果页面

（2）水温异常数据挑选。此部分功能实现方式同水位异常数据挑选功能模块。

4. 数据对比分析

（1）水位数据对比分析。

1）单站过程线分析。点击单站分析，单站分析默认页面见图5-39。

图5-39 单站分析默认页面

图中监测井名称下拉框随选择的岩溶水分区不同而变动，显示的是所选岩溶水分区下面的监测井名称。监测时间默认显示当前时间的前一天至当前时间。选择分析条件后，点击 ▦查询 按钮，单站分析结果页面见图5-40。

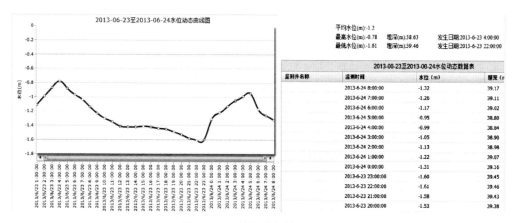

图5-40 单站分析结果页面

图5-41 数据比对
分析默认页面

2）单站数据比对分析。点击数据比对分析，数据比对分析默认页面见图5-41。点击左上角岩溶水分区前面的 ◁ ，系统在下方显示此岩溶水分区中的监测井名称，可进行勾选，也可以直接点击岩溶水分区前面的复选框，选中下属的监测井名称。选择采集时间以及比对时间。设定上述分析条件后，点击 ☑确定 ，右侧出现比对分析结果，数据比对分析结果见图5-42。系统还提供将数据对比结果导出到Excel文档的功能。

3）多站对比分析。点击多站对比分析，多站对比分析默认页面见图5-43。

点击 后，在GIS图上框选出一定范围后，系统弹出查询条件页面，见图5-44，根据开始、结束时间、分析类型、是否显示均值的条件，对框选范围中的监测站进行分析，分析结果见图5-45。

监测井统一编号	监测井名称	采集时间	采集水位(m)	对比时间	对比水位(m)	差值(m)	趋势
123456	陈庄	00:00	-1.31	00:00	-1.26	-0.05	⬇
		01:00	-1.22	01:00	-1.11	-0.11	⬇
		02:00	-0.7	02:00	-0.99	0.29	⬆
		03:00	-1.05	03:00	-0.87	-0.18	⬇
		04:00	-0.99	04:00	-0.78	-0.21	⬇
		05:00	-0.95	05:00	-0.88	-0.07	⬇
		06:00	-1.17	06:00	-0.97	-0.2	⬇
		07:00	-1.26	07:00	-1.04	-0.22	⬇
		08:00	-1.32	08:00	-1.14	-0.18	⬇

图5-42 数据比对分析结果

（2）水温数据对比分析。水温数据单站过程线分析、单站数据对比分析和多站对比分析实现方式与水位相应功能模块类似。

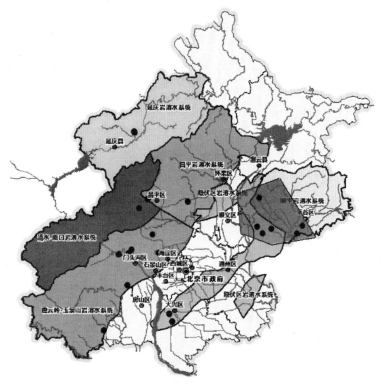

图 5-43 多站对比分析默认页面

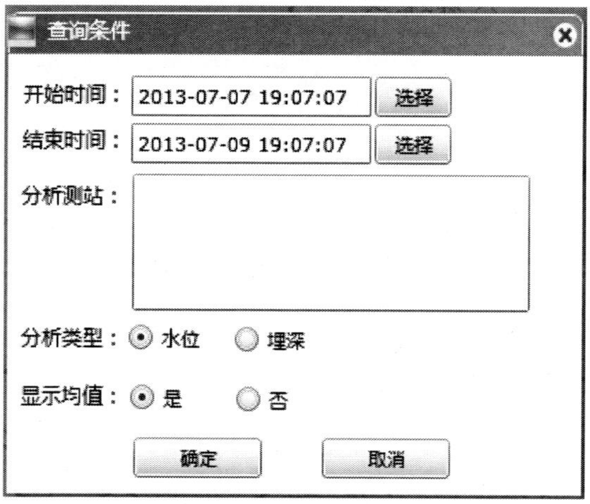

图 5-44 查询条件页面

5.3.4.4 业务报表

1. 日报表管理

点击岩溶水分区日报，界面见图 5-46。

根据所选择的岩溶水分区、日期、对数据对象进行统计。点击 [查询]，则生成所选择岩溶水分区的日报表，结果页面见图 5-47。点击 [导出] 则实现岩溶水分区日报表导出功能。

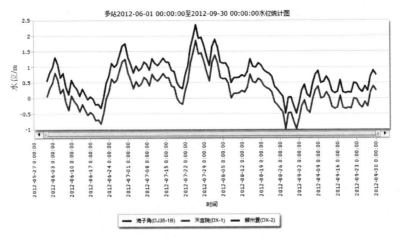

图 5-45　多站对比分析结果页面

岩溶水分区	全部
日期	2013-06-24
数据对象	⦿ 水位 ◯ 埋深

图 5-46　岩溶水分区日报默认页面

2013年6月24日大兴迭隆起岩溶水分区水位监测数据日报表　单位：m

监测井名称	刘庄	张店	李屯
日平均水位	-1.16	——	——
日最高水位	-0.95	——	——
日最低水位	-1.32	——	——
0时水位	-1.31	——	——

图 5-47　岩溶水分区日报结果页面

2. 月报表管理

月报表管理功能包括单站月报表和岩溶水分区月报表的生成及导出。

（1）单站月报表。点击单站月报，界面见图 5-48。

图 5-48　单站月报

根据所选择的岩溶水分区中测站名称、月份对数据对象进行统计。点击 查询 ，则生成所选择站点的月报表，结果页面见图 5-49。点击 导出 则实现单站月报表导出功能。

（2）岩溶水分区月报表。点击岩溶水分区月报，界面见图 5-50。

七间房2014年8月地下水水位月报表						
日期	水位(m)	日内最高			日内最低	
		地下水位(m)	发生时间时]		地下水位(m)	发生时间时]
1	30.60	30.62	20		30.59	01
2	30.61	30.64	21		30.58	03
3	30.62	30.64	00		30.59	06

图 5-49　单站月报表结果

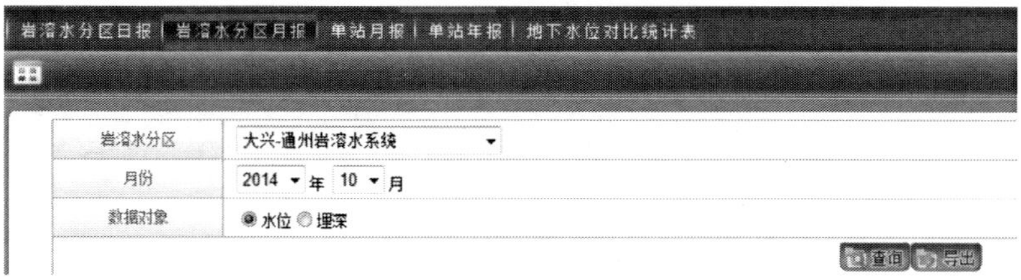

岩溶水分区日报 | 岩溶水分区月报 | 单站月报 | 单站年报 | 地下水位对比统计表

岩溶水分区	大兴-通州岩溶水系统 ▼
月份	2014 ▼ 年 10 ▼ 月
数据对象	⦿ 水位 ○ 埋深

图 5-50　岩溶水分区月报

根据所选择的岩溶水分区、月份对数据对象进行统计。点击 查询 ，则生成所选择岩溶水分区的月报表，结果页面见图5-51。点击 导出 则实现岩溶水分区月报表导出功能。

2014年10月大兴-通州岩溶水系统岩溶水分区水位统计月报表 单位：m		
监测井名称	刘店	李庄
月平均水位	-55.91	-0.91
月最高水位	-55.58	0.25
月最低水位	-56.23	-1.80
1日水位	-55.87	-0.77
2日水位	-55.82	-0.28
3日水位	-55.77	-0.04

图 5-51　岩溶水分区月报表结果

3. 年报表管理

年报表管理实现监测站年报表生成和导出功能。点击单站年报，界面见图5-52。

图 5-52　单站年报

根据所选择的岩溶水分区及测站名称对数据对象进行统计。点击 查询 ，则生成所选择监测站的年报表，结果页面见图5-53。点击 导出 则实现监测站年报表导出功能。

4. 水位对比统计表

点击地下水水位对比统计表，界面见图5-54。

井号										地面标高		38.01
孔号	DJ35-16			2014年刘庄地下水年报						孔口标高		
位置	刘庄									地下水类型		基岩水
日期	一月	二月	三月	四月	五月	六月	七月	八月	九月	十月	十一月	十二月
1	-0.38	1.34	0.20	-0.77	-0.90	-2.38	-1.58	-2.03	-1.53	-0.96	-0.97	-0.94
2	-0.35	1.69	0.12	-0.57	-0.89	-1.24	-1.72	-1.75	-1.67	-0.38	-1.08	-0.78
3	-0.48	1.78	0.01	-0.83	-0.60	-0.89	-1.24	-1.59	-1.34	-0.14	-1.06	-0.94

图 5-53　单站年报表结果

图 5-54　地下水水位对比统计表

根据所选择的岩溶水分区、对比时间对数据对象进行统计。点击▣查询▣，则生成所选择岩溶水分区数据对比统计表，结果页面见图 5-55。点击▣导出▣则实现岩溶水分区日报表导出功能。

2014-05-15与2014-03-16昌平岩溶水系统岩溶水分区地下水位对比统计表			
监测井名称	2014-05-15水位(m)	2014-03-16水位(m)	升降值(m)
平均	12.47	13.18	-0.72
李庄	32.21	32.57	-0.36
张店	-7.28	-6.21	-1.07

图 5-55　岩溶水分区数据对比统计表结果

5.3.4.5　系统管理

1. 监测站远程管理

（1）通信信号查询。点击通信信号信息查询，界面见图 5-56。可以通过岩溶水分区名称、监测井名称、监测时间进行查询。

图 5-56　通信信号查询默认页面

（2）超量程信息查询。点击超量程信息查询，界面见图 5-57。

图 5-57　超量程预警信息查询默认页面

通过选择岩溶水分布区、监测站名称及选择要查询的时间段，点击 ，则查询结果见图5-58。查询结果中的水位值为超量程水位，由于系统中无超量程的监测站，此处数据条数为0。

图5-58 超量程预警信息查询默认页面

（3）电量异常数据查询。点击电量异常数据查询，界面见图5-59。

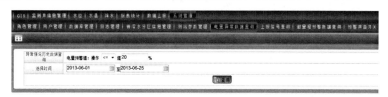

图5-59 电量异常数据查询默认页面

通过输入电量预警值以及选择要查询的时间段，点击 ，则查询结果见图5-60。

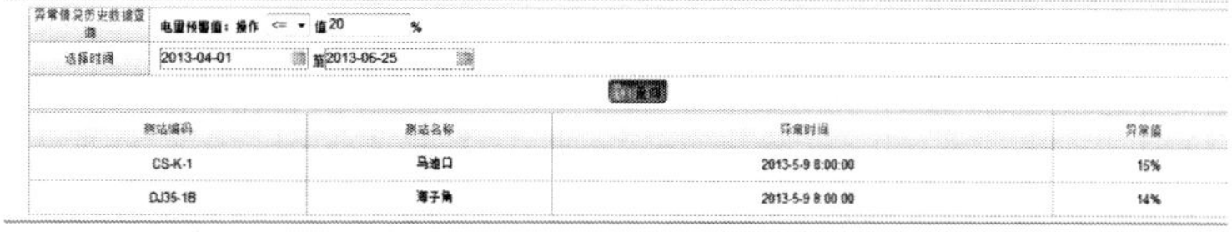

图5-60 查询结果页面

2.预警声音管理

点击预警声音开关，界面见图5-61。

图5-61 预警声音开关默认页面

预警类型包括超量程、电量异常。点击相对应类型后的 ，进入修改页面，见图5-62，改变开关状态，保存即可完成预警声音设置。

图5-62 预警声音开关设置页面

3.用户管理

主要实现对用户的管理，包括浏览、增加、修改、删除、查询功能。点击用户管理进入该模块默认显示见图5-63。

点击 、 等按钮，实现用户的增加和删除等功能，见图5-64。

图 5-63　用户管理默认页面

图 5-64　增加页面

第6章　思　考　与　展　望

近年来随着我国国力的不断强盛，我国对于基础设施建设支持力度的不断增强，国家实施了国家地下水监测工程等项目，促进了包括岩溶水在内的地下水监测体系规划、建设、监测与信息管理技术的发展。在发展过程中面临许多需要研究的问题，以及对于未来愿景的期望。

6.1　完善地下水监测规范等相关规章

6.1.1　地下水埋深对于自动监测水位计精度影响应明确

目前地下水监测特别是水位和水温监测已经跨入自动监测时期，但相关规范现状与监测工作对其需求不相适应，还需同步完善。例如，对压力式水位计的精度要求中未考虑地下水埋深对于监测精度的影响，应研究提出不同地下水埋深范围对于压力式水位计精度的适宜要求。

6.1.2　提高自动监测的人工对比精度

目前的规范未明确提出人工用何种仪器校测自动监测设备，应考虑选用高精度悬锤式水尺，所选用水尺应满足以下条件：①水尺应为近2年内出厂的较新水尺，以免水尺老化影响其测量准确性；②所选用水尺应未使用过，以避免经常使用影响其测量准确性。

6.2　强化监测站的智慧管理

6.2.1　监测站管理中存在的主要问题

监测站管理是自动监测系统正常运行的重要基础，但管理中存在远程管理能力偏低、监测站安全性相对较差、部分监测站位置难觅等实际问题。

岩溶水监测站分布特点为站点多且分散、分布面积广。监测站的日常维护工作在交通等方面需耗费大量人力、物力，而且预判性与时效性偏低。同时绝大部分站点在野外，环境安全性偏低，尽管一般监测站保护设施有专用锁具，但仍无法避免监测站被破坏，且无法及时发现问题，因此监测站安全性仍需提升。另外，尽管现在的导航非常完备与先进，但部分监测站周围环境变化较大时，运行维护人员与监测站近在咫尺却很难发现监测站的存在，有时为寻找监测站位置而浪费宝贵时间，影响监测站运行维护进度。

6.2.2 通过智慧化管理破解监测站管理难题

针对监测站管理中的实际问题，不仅需要在管理意识方面引起重视，更需要运用智慧管理理念，制定有效的管理措施。

为了加强远程管理能力，根据水位自动监测设备的性能和参数设置特点，通过在监测中心数据库中增加测站最高、最低水位信息字段，可以有效实现监测水位超量程的预警功能；还可以充分利用电量存储信息变化，设定电量信息阈值，实现电量预警，使维护管理人员不用到测站即掌握测站的电量和设备量程信息，提高运行管理效率，更好地保障监测数据的连续性与可靠性，同时节省人员设备支出。

对于监测站安全性提升与运行维护时站点定位困难的问题，可以在监测站保护设施内部安装智能管理传感器。一方面，可以实现自动采集监测站保护设施的状态信息，并回传至监测中心管理平台，平台对监测站保护设施"位置信息、异常丢失、异常开启、破损"等状态信息作数据分析和预警，促进监测站安全性能提升；另一方面，运行维护人员到达监测站附近，而无法及时发现监测站所在位置时，在一定范围内，运行维护人员向监测站发出特定呼叫信号时，监测站发出自动应答响应，响应方式可以是灯光或声音，使监测站可以快速被找到。

6.3 提高信息服务能力与水平

6.3.1 加强人工与自动监测数据衔接分析

我国人工地下水监测站网运行多年，积累了大量宝贵资料，为各级领导和相关部门决策提供了地下水动态的基础支撑。但人工监测存在诸多问题，随着自动监测系统的逐步发展成熟，自动监测数据如何替代人工监测数据是必须研究解决的问题。两套站网在站网布局、监测层位等方面均存在差异，因此需要分析两套站网在时间及空间地下水的动态特征，提出科学可行的替代方案。

根据现阶段相关分析工作进展，自动监测数据替代人工监测数据的途径有3种，一是直接替代，二是间接替代，三是逐步替代。

通过不同计算单元地下水动态过程分析和地下水流场分析，直接替代与间接替代方案的对比分析结果为：直接替代方案不需要折算数据，但替代前后数据波动较大，衔接性差，能够反映自动监测站网的地下水动态；间接替代方案则需要折算数据，数据波动小，衔接性较好，主要反映人工监测站网的地下水动态。

逐步替代方式，由于自动监测系列相对较短，无法预估其替代人工监测数据后对于区域地下水动态的代表性，是需要重点研究的内容。

6.3.2 提高监测数据应用水平

GB/T 51040—2014 要求自动监测站每日监测 6 次，而目前只是资料整编时将所有数据进行整编，在实际应用时，一般每日只用 8 时或 4 时的数据进行地下水动态的时空分析。依托大数据技术，结合降水量、开采量及社会经济相关要素，充分利用高频次的水位监测数据，分析地下水动态与经济社会发展相关要素的关系，为利用和保护地下水资源提供科学依据。

6.3.3　信息服务的范围扩展与能力提升

加强地下水环境综合治理，修复生态系统，强调"绿色发展"，进一步增加全面扩展岩溶水信息服务领域、提升服务能力的紧迫性。应尽快完善服务发展思路，强调需求驱动，将岩溶水信息服务对象范围从供水向水资源优化配置、保护与修复地下水环境等方面扩展，将服务模式从单一监测维度数据服务向综合监测维度的全方位监测体系数据服务扩展。将部门组织局部服务模式转变为总体协同服务模式，通过"互联网＋岩溶水监测服务"打造智慧监测系统，从而实现信息服务能力的提升。

参 考 文 献

［1］ 北京市地质矿产开发局，北京市水文地质工程地质大队．北京地下水［M］．北京：中国大地出版社，2008．

［2］ 北京市水文地质工程地质大队．北京泉志［R］．1983．

［3］ 章树安，等．国外地下水监测与管理［M］．南京：河海大学出版社，2010．

［4］ 仵彦卿，李俊亭．地下水动态研究现状与展望［J］．西安地质学院学报，1992，14（4）：58－64．

［5］ 周仰效，李文鹏．区域地下水位监测网优化设计方法［J］．水文地质工程地质，2007，34（1）：1－9．

［6］ European Union Water Framework Directive，Working Group 2.7. Guidance on Monitoring for the Water Framework Directive［M\OL］．2003．http：/1Public/irc /env/ wfd/library．

［7］ 周仰效，李文鹏．地下水水质监测与评价［J］．水文地质工程地质，2008，35（1）：1－9．

［8］ 王庆兵，段秀铭，高赞东，等．济南岩溶泉域地下水位监测［J］．水文地质工程地质，2007，34（2）：1－8．

［9］ 董殿伟，林沛，晏婴，等．北京平原地下水水位监测网优化［J］．水文地质工程地质，2007，34（1）：10－19．

［10］ 靳萍，李长青，高尚嵊，等．地下水观测井水位自动化监测合理配置研究［J］．水文，2009，29（2）：7－9．

［11］ 仵彦卿．地下水观测频率优化设计研究［J］．地质灾害与环境保护，1994，5（2）：16－27．

［12］ 李锐，向书坚．我国时间序列分析研究工作综述［J］．统计教育，2006（7）：6－8．

［13］ 何书元．应用时间序列分析［M］．北京：北京大学出版社，2003．

［14］ 仵彦卿．地下水动态观测网优化设计研究［J］．地质灾害与环境保护，1994，5（3）：56－64．

［15］ 宋廷山，王坚，姜爱萍．应用统计学［M］．北京：清华大学出版社，2012．

［16］ SL 183—2005 地下水监测规范［S］．北京：中国水利水电出版社，2005．

［17］ GB/T 51040—2014 地下水监测工程技术规范［S］．北京：中国计划出版社，2014．

［18］ DZ/T 0133—94 地下水动态监测规程［S］．北京：中国标准出版社，1994．

［19］ 水利部国家地下水监测工程编写组．国家地下水监测工程（水利部分）可行性研究报告［R］．2011．

［20］ 河南黄河水文勘测设计院．国家地下水监测工程（水利部分）初步设计报告［R］．2015．

［21］ 姚永熙，章树安，杨建青．地下水信息采集与传输［M］．南京：河海大学出版社，2011．

［22］ 王俊，王建群，于达征．现代水文监测技术［M］．北京：中国水利水电出版社，2016．

［23］ 谢悦波．水信息技术［M］．北京：中国水利水电出版社，2014．

［24］ 胡彦华，等．现代水利信息科学发展研究-陕西省水利信息化理论与实践［M］．北京：科学出版社，2016．

［25］ 王俊，熊明，等．水文监测体系创新及关键技术研究［M］．北京：中国水利水电出版社，2011．

［26］ 刘建，刘丹，赖明．岩溶隧道地下水环境动态监测体系及其应用［J］．现代隧道技术，2014，51（2）：23－28．

［27］ 江川，肖德安．岩溶地区地下水环境监测难点及解决思路［J］．中国环境监测，2014，30（5）：109－113．

［28］ 刘南，刘守议．地理信息系统［M］．北京：高等教育出版社，2002．

[29] 赵泓漪，白国营，韩旭．北京市岩溶水自动监测信息系统建设 [J]．城市地质，2013，8（4）：11-14.

[30] 曹小虎，崔军明．德国 GW-Base 地下水管理系统的应用研究 [J]．水利信息化，2010，12（5）：50-52.

[31] Anon. Visual MODFLOW V.2.8.2 User's Manual for Professional Applications in Three-Dimensional Groundwater Flow and Contaminant Transport Modeling [J]. Ontario：Waterloo Hydrogeologic Inc，2000：1-3.

[32] Werner Erhart Schippek，Herbert Mascha. Dynamic groundwater management system based on GIS [C]. Water Resources and the Urban Environment，ASCE，1998：667-675.

[33] Kadi E L，O loufa，Eltahan，et al. Use of Geograph is Information System in Sitespecific Groundwater Modeling [J]. Groundwater，1994，32（4）：617-625.

[34] 魏加华，王光谦，李慈君，等．GIS 在地下水研究中的应用进展 [J]．水文地质工程地质，2003，30（2）：94-98.

[35] 魏加华，王光谦，李慈君，等．基于 GIS 的地下水资源评价 [J]．清华大学学报（自然科学出版社），2003，43（8）：25-36.

[36] 宫辉力，李京，陈秀万，等．地理信息系统的模型库研究 [J]．地学前缘，2000，7（增刊）：17-22.

[37] 李门楼，胡成，陈植华．河北平原区域地下水资源决策支持系统设计与开发 [J]．地球科学—中国地质大学学报，2002，27（2）：222-226.

[38] 高建国，宫辉力，赵文告，等．黄河流域地下水资源网络地理信息系统的设计与实现 [J]．技术科学，2004，34（增刊 I）：87-94.

[39] 戴长雷，迟宝明，等．基于 GIS 的地下水监测管理信息系统（GM SM IS）分析与设计 [J]．遥感技术与应用，2005（12）：625-628.

[40] 戴长雷，迟宝明．基于 GIS 的地下水信息管理系统分析 [J]．世界地质，2004（6）：158-162.

[41] 蒋秀华．地下水信息管理系统的设计与实现 [D]．南京：河海大学，2006.

[42] 薛禹群，吴吉春．地下水数值模拟在我国——回顾与展望 [J]．水文地质工程地质，1997（4）：21-24.

[43] 周德亮，丁继红，马生忠．基于 GIS 的地下水模拟可视化系统开发的初步探讨 [J]．吉林大学学报（地球科学版），2002，32（2）：159-165.

[44] 杨旭，黄家柱，陶建岳．基于 GIS 的地下水流可视化模拟系统研究 [J]．现代测绘，2005，28（2）：13-16.

[45] 诸云强，宫辉力，赵文吉，等．基于组件技术的地理信息系统二次开发——以地下水资源空间分析系统为例 [J]．地理与地理信息科学，2003，19（1）：16-19.

[46] 唐卫，陈锁忠，朱莹，等．GIS 与地下水数值模型集成中面向对象法的应用 [J]．地球信息科学，2006，8（2）：71-76.

[47] 束龙仓，杨建青，王爱萍，等．地下水动态预测方法及其应用 [M]．北京：中国水利水电出版社，2010.

[48] 江川，肖德安．岩溶地区地下水环境监测难点及解决思路 [J]．中国环境监测，2014，30（5）：110-113.

[49] 郭晓冬，田辉，张梅桂，等．我国地下水数值模拟软件应用进展 [J]．地下水，2010，32（4）：5-7.

[50] 何婧，林英，秦江龙，等．软件需求工程 [M]．北京：科学出版社，2012.

［51］（美）鲍威尔．数据库设计入门经典［M］．沈洁，等　译．北京：清华大学出版社，2007.

［52］中华人民共和国水利部．SL 586—2012 地下水数据库表结构及标识等［S］．北京：中国水利水电出版社，2012.

［53］王珊，萨师煊．数据库系统概论［M］．北京：高等教育出版社，2010.

［54］王国胤，刘群，夏英，等．数据库原理与设计［M］．北京：电子工业出版社，2011.

［55］张海番．软件工程［M］．北京：清华大学出版社，2010.

［56］（美）Mark J. Christensen，Richard H. Thayer．软件工程最佳实际项目经理指南［M］．王立福，赵文，胡文蕙　译．北京：电子工业出版社，2004.

［57］郑逢斌．软件工程［M］．北京：科学出版社，2012.

［58］陈明．软件工程实用教程［M］．北京：电子工业出版社，2004.